ZWERGHAMSTER

BIOLOGIE • HALTUNG • ZUCHT

Sandra Honigs

87 Fotos
3 Grafiken

NTV
Kleinsäuger

In Dankbarkeit für meine Familie,
Ortrun, Wilhelm und Silke Honigs

Titelbild: Campbell-Zwerghamster (*Phodopus campbelli*)
Roborowski-Zwerghamster (*Phodopus roborovski*)
Campbell-Zwerghamster (*Phodopus campbelli*)
Hintergrund: Fell eines Dshungarischen Zwerghamsters (*Phodopus sungorus*)
Fotos: C. Ehrlich

ISBN 3-931587-96-7

1. Auflage 2003
2. Auflage 2005
An der Kleimannbrücke 39/41
48157 Münster
Tel.: 0251-13339-0, Fax: 0251-13339-33
E-Mail: verlag@ms-verlag.de
Home: www.ms-verlag.de
Geschäftsführung: Matthias Schmidt
Layout: Nick Nadolny
Lektorat: Christian Ehrlich & Kriton Kunz
Druck: Alföldi, Debrecen

INHALTSVERZEICHNIS

VORWORT

Zwerghamster traten in den letzten Jahren ihren Siegeszug von den Labors der Universitäten in die Wohnstuben an und sind dabei dem Erfolg ihres größeren Verwandten, des Syrischen Goldhamsters (*Mesocricetus auratus*), auf den Spuren. Immer häufiger werden die possierlichen Nager in Zoohandlungen und auf Tierbörsen angeboten, und die Nachfrage steigt. Ein besonderes Augenmerk vieler interessierter Züchter liegt inzwischen auch auf der Farbzucht. Besonders die Campbell-Zwerghamster (*Phodopus campbelli*) sind hierfür sehr interessant, da sie mittlerweile in sehr vielen Farbvarianten vorkommen und die Anzahl dieser verschiedenen Formen stetig ansteigt. Zwerghamster zu pflegen, um sie zu beobachten, ihr Verhalten kennen zu lernen und/oder um sie zu züchten, ist ein spannendes Hobby, das jeden interessierten Tierfreund bereichern kann!

Die diesem Buch zu Grunde liegende Idee ist es, dem Leser die beliebten Zwerghamster von zwei Seiten her näher zu bringen: Es werden persönliche Erfahrungen aus Haltung und Zucht dieser Tiere mit leicht verständlich dargestellten wissenschaftlichen Erkenntnissen vereint. Mit dem vorliegenden Buch möchte ich Ihnen nicht nur eine interessante Lektüre anbieten, sondern auch wichtige Ratschläge und Tipps für Ihre Zwerghamsterhaltung vermitteln. Ziel ist es, Ihnen Ihr Hobby durch die dargestellten Informationen zu erleichtern und zu verschönern sowie Sie vor Fehlentscheidungen zu bewahren und natürlich den Zwerghamstern ihr Leben in menschlicher Obhut so angenehm wie möglich zu gestalten. Den Schwerpunkt des Buches legte ich dementsprechend auf die tiergerechte Haltung der vier häufiger erhältlichen Zwerghamsterarten, nämlich Campbell-, Dshungarischer und Roborowski-Zwerghamster sowie Chinesischer Streifenhamster.

Ich hoffe, dass Ihnen das vorliegende Buch ein guter Ratgeber für Ihr Hobby sein wird, gleich, ob Sie nun Einsteiger in die Zwerghamsterhaltung sind oder bereits routinierter Züchter.

Viel Spaß bei der Lektüre!

Düsseldorf, im Sommer 2003
Sandra Honigs

ZWERGHAMSTER BIOLOGISCH BETRACHTET

STELLUNG IN DER SYSTEMATIK

Angesichts der unglaublich großen Anzahl bekannter Lebewesen auf unserer Erde ist die Wissenschaft bemüht, diese in ein System einzuordnen. Dieses System stellt jedoch nicht nur einen einfachen Katalog dar, sondern spiegelt die natürlichen entwicklungsgeschichtlichen Verwandtschaftsverhältnisse wider. Die jeweiligen Arten, in unserem Fall die Hamster (Cricetinae), von denen es etwa 27 Arten gibt, stehen also nicht rein zufällig in einer gemeinsamen Gruppe. Alle Hamster gehören zur Ordnung Nagetiere (Rodentia). Dieses Wort leitet sich vom lateinischen *rodere* ab und bedeutet „nagen“. Der „Zwang“ zum Nagen ist allen Vertretern der Ordnung gemein. Zu dieser Tätigkeit benutzen sie die Schneidezähne, die durch die Nagetätigkeit abschliffen werden, jedoch auch ein Leben lang nachwachsen.

Die einzelnen Arten innerhalb einer Gattung sind jeweils nahe miteinander verwandt – sie teilen sehr viele Merkmale und werden deshalb gemeinsam in die jeweilige Gattung gestellt, z. B. zu den Kurzschwänzigen Zwerghamstern (*Phodopus*) oder den Mittelgroßen Zwerghamstern (*Allocricetulus*). Ein wissenschaftlicher Artname setzt sich jeweils aus dem Gattungsnamen sowie dem spezifischen Namen für die jeweilige Art zusammen z. B. *Phodopus sungorus* (Dshungarischer Zwerghamster) oder *Allocricetulus eversmanni* (Eversmann-Zwerghamster). Umfasst eine Art auch Unterarten (z. B. geographische Varianten), erhalten diese einen dritten Namen, wie früher der Campbell-Zwerghamster (*Phodopus sungorus campbelli*), der heute als eigenständige Art – *Phodopus campbelli* – geführt wird.

Es ist durchaus wichtig und häufig von Vorteil, den wissenschaftlichen Namen seines Pfleglings zu kennen. Bei den so genannten Trivialnamen, also u. a. den deutschen, englischen oder amerikanischen Namen unserer Zwerghamster, gibt es nämlich logischerweise in den verschiedenen Ländern verschiedene Bezeichnungen. Dies gilt etwa für die Gattung der Kurzschwänzigen oder Echten Zwerghamster (*Phodopus* sp.). So wird der bei uns als Campbell-Zwerghamster bekannte *Phodopus campbelli* in Großbritannien „Dshungarischer Zwerghamster“ (djungarian dwarf hamster) genannt, und die bei uns als Dshungarischer Zwerghamster (*Phodopus sungorus*) bekannte Art heißt dort „Russischer Winterweißer Zwerghamster“ („russian winter white dwarf hamster“) oder „Sibirischer Zwerghamster“ („sibirian dwarf hamster“). In den Vereinigten

Feldhamster (*Cricetus cricetus*) Foto: C. Ehrlich

Goldhamster (*Mesocricetus auratus*) Foto: Si. Honigs

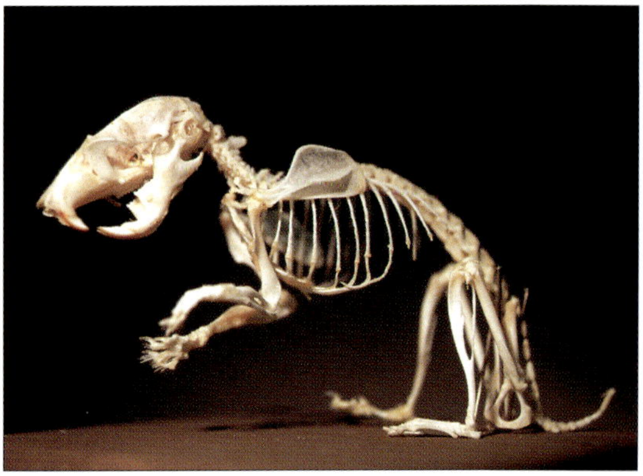

Skelett eines Zwerghamsters Foto: S. Honigs

Staaten heißt der Campbell-Zwerghamster „Campbells Russischer Zwerghamster" („Campbell`s dwarf russian hamster") oder einfach „Russischer Zwerghamster" („russian dwarf hamster"), und der Dshungarische Zwerghamster wird „Winterweißer Russischer Zwerghamster" („winter white dwarf russian hamster") genannt. In den USA heißt der Roborowski-Zwerghamster (*P. roborovskii*) „Wüstenhamster" („desert hamster"). Bei dieser Art besteht zudem das Problem, dass alle Zwerghamster in der Vergangenheit in den USA generell „desert hamsters" hießen. Einige Spezies von Zwerghamstern besitzen bis heute noch keinen Trivialnamen. Um Missverständnissen vorzubeugen, sollte sich der Leser bei der Lektüre englischsprachiger Literatur dieser Differenzen bewusst sein! Ich bleibe im Folgenden bei den geläufigen deutschen Trivialnamen der häufig gehaltenen Zwerghamster aus der Gattung *Phodopus*: Campbell-Zwerghamster (*Phodopus campbelli*), Dshungarischer Zwerghamster (*Phodopus sungorus*) und Roborowski-Zwerghamster (*Phodopus roborovskii*).

ÜBERSICHT ZUR HAMSTER-SYSTEMATIK

Klasse:	Säugetiere (Mammalia)
Ordnung:	Nagetiere (Rodentia)
Unterordnung:	Mäuseverwandte (Myomorpha)
Überfamilie:	Mäuseartige (Muroidea)
Familie:	Mäuseartige (Muridae)
Unterfamilie:	Hamster (Cricetinae)
Gattungen:	**Großhamster** (*Cricetus*); mit der Art Europäischer Feldhamster (*C. cricetus*)
	Mittelhamster (*Mesocricetus*); mit den Arten Goldhamster oder Syrischer Hamster (*M. auratus*) Rumänischer Goldhamster (*M. newtoni*) Kaukasischer Hamster (*M. brandti*) Schwarzbrusthamster (*M. raddei*)
	Zwerghamster
	Maushamster (*Calomyscus*); mit sechs Arten
	Kurzschwänzige Zwerghamster (*Phodopus*); mit drei Arten
	Mittelgroße Zwerghamster (*Allocricetulus*); mit zwei Arten
	Graue Zwerghamster (*Cricetulus*); mit neun Arten
	Rattenhamster (*Tscherskia*); mit einer Art
	Kansu-Zwerghamster (*Cansumys*); mit einer Art

Der Begriff „Zwerghamster" wurde in Deutschland – wie oben zu sehen – für eine ganze Reihe von Gattungen geprägt. Der Name ist allerdings nicht sehr geschickt gewählt, da einige Arten (z. B. der Rattenhamster (*Tscherskia triton*) größer werden als der Goldhamster, der ja zu den Mittelhamstern zählt! Einige Autoren stellen die Maushamster wegen ihrer großen Unterschiede im Vergleich zu den anderen Hamstern (siehe unten) in eine eigene Unterfamilie (Calomyscinae).

DIE ZWERGHAMSTER-ARTEN

Zu den Zwerghamstern werden also meist die oben aufgeführten Gattungen *Calomyscus*, *Phodopus*, *Cricetulus*, *Tscherskia*, *Allocricetulus* und *Cansumys* gezählt. Da bisher nur wenige Spezies dieser

Turkmenischer Maushamster (*Calomyscus mystax*) Foto: C. Ehrlich

Gattungen als Heimtiere Bedeutung haben, werden die übrigen Zwerghamster-Arten im Folgenden nur kurz erwähnt.

Maushamster (*Calomyscus* THOMAS, 1905)

- Iran-Maushamster (*C. bailwardi* THOMAS, 1905)
- Balutschistan-Maushamster (*C. baluchi* THOMAS, 1920)
- Hotsons Maushamster (*C. hotsoni* THOMAS, 1920)
- Turkmenischer Maushamster (*C. mystax* KASHKAROV, 1925)
- Syrischer Maushamster (*C. tsolovi* PESHEV, 1991)
- Kaukasus-Maushamster (*C. urartensis* VORONTSOV & KARTASEVA, 1979)

Die verschiedenen *Calomyscus*-Arten sind im Iran, Syrien, Afghanistan, Pakistan, Transkaukasien und Südturkmenien verbreitet. Von den sechs bekannten Maushamster-Arten ist bislang nur einer, nämlich der Turkmenische Zwerghamster (*C. mystax*), für die Heimtierhaltung relevant. Jedoch ist auch dieser nur selten zu bekommen. Bei diesem Hamster ist noch nicht geklärt, ob es sich wirklich um eine eigenständige Art oder lediglich um eine Unterart von *C. bailwardi* handelt. Der Turkmenische Maushamster ähnelt im Habitus und Verhalten eher einer Waldmaus. Das Tier ist klein (61–98 mm Körperlänge) und hat einen mehr als körperlangen Schwanz (72–102 mm). Dieser ist nicht nackt, sondern mit dicht anliegenden Haaren bedeckt. Am Ende des Schwanzes laufen diese Haare zu einer Quaste zusammen, die an einen Pinsel erinnert. Die Tiere sind oberseits fahl sandbraun und unterseits weiß gefärbt. Auch die Pfoten sind weiß. An den Fußunterseiten sind winzige Borsten zu finden, die wahrscheinlich eine wichtige Rolle beim Erleichtern der Kletteraktivitäten spielen. Dieser Maushamster kann nämlich sehr gut klettern und springen, wobei der lange Schwanz zum Ausbalancieren genutzt wird. Maushamster haben als einzige Hamster keine Backentaschen, und ihre Ohren sind auffällig groß.

Das Verbreitungsgebiet des Turkmenischen Zwerghamsters liegt im Nordiran, in Afghanistan, Pakistan, Transkaukasien und Südturkmenien. Die Tiere können in Gebieten bis zu 3500 m ü. NN vorkommen und bewohnen dort Felswände und Geröllhänge. Der Turkmenische Zwerghamster ist im Sommer rein nachtaktiv, im Winter und Herbst lässt er sich jedoch auch gelegentlich am Tage bli-

Dshungarischer Zwerghamster (*Phodopus sungorus*) Foto: C. Ehrlich

cken. Auf dem Speiseplan stehen hauptsächlich Samen, aber auch Blüten und Zweige sowie wenig tierische Nahrung.

Turkmenische Zwerghamster graben keine eigenen Unterkünfte, sondern legen Nester zwischen Felsspalten und Steinen an. Die Jungtiere werden nackt und blind geboren. In einem Alter von etwa 13 Tagen öffnen sie ihre Augen und haben dann bereits ein gräuliches Fell, das dunkler ist als das der erwachsenen Tiere. Spätestens mit acht Monaten sehen sie schließlich aus wie ihre Eltern.

Bis auf *C. baluchi* und *C. bailwardi* gelten die *Calomyscus*-Arten als gefährdet oder bedroht.

Kurzschwänzige Zwerghamster (*Phodopus* MILLER, 1910)

- Campbell-Zwerghamster (*P. campbelli* (THOMAS, 1905))
- Dshungarischer Zwerghamster (*P. sungorus* (PALLAS, 1773))
- Roborowski-Zwerghamster (*P. roborovskii* (SATUNIN, 1903))

Alle drei Arten sind regelmäßig im Handel zu bekommen und erfreuen sich zunehmender Beliebtheit. Aufgrund ihrer Geschichte als Labortiere wissen wir mittlerweile recht viel über die Biologie des Dshungarischen und des Campbell-Zwerghamsters. Diese Hamster sind daher für jeden Interessierten als Heimtiere sehr gut zu halten.

Früher wurde angenommen, dass es sich beim Campbell-Zwerghamster (früher: *P. sungorus campbelli*) um eine Unterart des Dshungarischen Zwerghamsters handle. Mittlerweile erlangten die „Campbells“ oder „Campbellis“, wie sie von ihren Liebhabern auch genannt werden, jedoch Artstatus. Es ist also nicht erstrebenswert, Dshungarische und Campbell-Zwerghamster miteinander zu kreuzen! Derartige Kreuzungen können zwar durchaus „gut gehen“, arten jedoch in den meisten Fällen zu einer kleinen Katastrophe aus. Im schlimmsten Fall

Bei Dshungarischen Zwerghamstern verläuft der Aalstrich über der Wirbelsäule des Tieres. Foto: S. Honigs

Roborowski-Zwerghamster (*Phodopus roborovski*)
Foto: C. Ehrlich

überleben weder Mutter noch Nachwuchs eine Mischlingsgeburt. In der Natur würden sich diese beiden Arten wohl niemals miteinander paaren. Von derartigen Experimenten ist also dringend abzuraten.

Der Dshungarische Zwerghamster stammt aus Ost-Kasachstan und Südwest-Sibirien, der Campbell-Zwerghamster ist in der Natur in der Mongolei, in Teilen von Süd- bis Zentral-Sibirien und der Mandschurei sowie in Nordost-China anzutreffen. Der Roborowski-Zwerghamster kommt im äußersten Ost-Kasachstan, in Südwest-Sibirien, in der Mongolei und in benachbarten Teilen von Nord-China (von Sinkiang bis zur Mandschurei) vor. Campbell- und Roborowski-Zwerghamster leben in sandigen Gebieten, Dshungarische Zwerghamster dagegen bevorzugen Grassteppen.

Den Arten der Gattung *Phodopus* sind ein sehr kurzes (4–14 mm langes), behaartes Schwänzchen, das nicht aus dem Fell herausragt, und dicht behaarte Sohlen der Hinterfüße gemeinsam. Die Backentaschen sind außerordentlich gut entwickelt.

Der Roborowski-Zwerghamster ist mit einer maximalen Körperlänge von 92 mm der kleinste Zwerghamster. Somit wiegt ein erwachsener Roborowski-Zwerghamster (oft liebevoll „Robo" oder „Robbi" genannt) nur etwa 20–25 g. Die beiden anderen Arten erreichen eine Kopf-Rumpf-Länge von bis zu 102 mm. Ausgewachsene Campbell- und Dshungarische Zwerghamster wiegen im Sommer in der Natur im Durchschnitt 45 g und im Winter etwa 26 g. In menschlicher Obhut werden die Tiere aufgrund der regelmäßigen und guten Futterversorgung nicht selten schwerer (bis etwa 50 g).

Viele Halter haben Schwierigkeiten, den Dshungarischen vom Campbell-Zwerghamster zu unterscheiden. In der Tat sehen sich die beiden Arten auf den ersten Blick sehr ähnlich. So haben sie beide dichtes, feines Fell, das sehr weich und wollig aussieht. Auf den zweiten Blick erkennt der aufmerksame Betrachter aber durchaus Unterschiede, am deutlichsten bei der Fellfärbung der Wildformen: Der Dshungarische Zwerghamster ist oberseits graubraun gefärbt, der Bauch grauweiß, und die Pfoten sind weiß, ebenso wie das kurze Schwänzchen. Auf jeder Körperseite verläuft eine Linie, die drei Bögen aufweist (Dreibogenlinie); diese bildet die optische Grenze zwischen der Körperober- und -unterseite. Die unterschiedlichen Fellfarben laufen hier nicht ineinander. Der Aalstrich auf dem Rücken ist schwarz. Die Campbell-Zwerghamster sind oberseits dagegen gelbbraun gefärbt, der Bauch ist weiß, ebenso wie die Pfoten und der Schwanz. Der Aalstrich ist bei ihnen dunkelbraun. Auch die Campbells weisen die Dreibogenlinie an jeder Körperseite auf, und besonders hier ist der

Campbell-Zwerghamster (*Phodopus campbelli*) Foto: C. Ehrlich

gelblich beige Farbtouch des Fells zu sehen. Alle wildfarbenen Kurzschwänzigen Zwerghamster haben schwarze Augen.

Besonders von den Campbell-Zwerghamstern existieren mittlerweile viele Farbschläge. Beim Dshungarischen Zwerghamster gibt es neben den beiden in der Natur vorkommenden Farben, der dunklen Wildfarbe und dem Winterweiß (einer der wenigen Fälle von unterschiedlichem Sommer- und Winterfell bei Nagern), noch die Farbschläge Perlmutt (pearl) und Saphir (Blau). Mehr zu den Farbschlägen der Dshungaren und Campbells im Kapitel „Zucht".

Der Roborowski-Zwerghamster existiert bislang nur in seiner Wildfarbe. Er ist oberseits gelbbraun, sandfarben bis beige gefärbt. Das Fell kann hin und wieder rötlich schimmern. Die Helligkeit der Färbung variiert von Tier zu Tier. Zwischen dem abstehenden, weichen Oberfell schimmert die graue Unterwolle der Tiere durch. Die Unterseite, die Pfoten und der Schwanz sind rein weiß. Über den Augen haben die Roborowski-Zwerghamster jeweils einen weißen Fleck. Ein Aalstrich und die Dreibogenlinie fehlen völlig. Die Ohren dieser Art sind relativ groß. Roborowski-Zwerghamster sind quirlige und schnelle Tiere, die fast nie ruhig auf der Hand sitzen bleiben.

Mehr Informationen zum Verhalten dieser Arten sowie ihrer Ernährung finden sich in den entsprechenden Kapiteln. Alle drei Arten gelten als in freier Natur nicht gefährdet.

Graue Zwerghamster
(*Cricetulus* MILNE-EDWARDS, 1867)

- Indischer oder Ladak-Zwerghamster (*C. alticola* THOMAS, 1917)
- Daurischer Zwerghamster (*C. barabensis* (PALLAS, 1773))
- Chinesischer Streifenhamster (*C. griseus* MILNE-EDWARDS, 1867)
- Tibet-Zwerghamster (*C. kamensis* (SATUNIN, 1903))
- Langschwanz-Zwerghamster (*C. longicaudatus* (MILNE-EDWARDS, 1867))
- Grauer Zwerghamster (*C. migratorius* (PALLAS, 1773))

Chinesischer Zwerghamster (*Cricetulus griseus*) Foto: C. Ehrlich

- Gobi-Zwerghamster (*C. obscurus* MILNE-EDWARDS, 1867)
- Transbaikal-Zwerghamster (*C. pseudogriseus* ORLOV & ISKHAKOVA, 1975)
- Sokolovs Zwerghamster (*C. sokolovi* ORLOV & MALYGIN, 1988)

Alle Arten dieser Gattung besitzen einen relativ langen Schwanz (20–50 mm). Dieser ist länger als der Hinterfuß, jedoch nie länger als die halbe Körperlänge. Die Schnauze ist länger als bei den anderen Zwerghamstern. Und auch der etwa 75–120 mm lange Körper wirkt länglicher und nicht so gedrungen wie bei den *Phodopus*-Arten. Die *Cricetulus*-Arten zeigen somit im Habitus eine gewisse Ähnlichkeit mit Wühlmäusen. Unterseits sind sie hellgrau bis weiß gefärbt, ebenso wie die Pfoten und das Schwanzende. Bis auf einen Aalstrich bei einigen Arten gibt es keinerlei Fellzeichnungen.

Der Daurische Zwerghamster variiert von dunkelbraun bis rötlich grau und hat einen dunkelbraunen Aalstrich. Sein Verbreitungsgebiet liegt in Süd-Sibirien, der Mongolei, in Nord-China und in Korea. Auch die übrigen *Cricetulus*-Arten sind teilweise in diesen Gebieten sowie in Pakistan, Indien, West-Tibet und West-Nepal (*C. alticola*) anzutreffen. Der Balkan-Zwerghamster kommt auch in den europäischen Regionen vor und steht unter Artenschutz. Balkan-Zwerghamster sind 90–110 mm groß und wiegen zwischen 25 und 36 g. Im Frühling und im Sommer ist diese Art tag- und nachtaktiv, im Winter jedoch nur nachtaktiv. Das Jugendkleid ist dunkler als das Fell der adulten Tiere. Diese Hamster graben unterirdische Tunnelsysteme mit Kammern, die verschiedenen Zwecken dienen (u. a. Nest-, Wohn- und Vorratshöhlen).

Der Graue Zwerghamster (*C. migratorius*), gelegentlich auch Kleiner Grauhamster genannt, ist in Europa in isolierten Populationen in Griechenland, Bulgarien, der Türkei und in Rumänien zu finden, des Weiteren in Israel, Pakistan und in der Mongolei. Das graue bis sandfarbene Fell mit heller Bauchseite weist keinerlei schwarze Zeichnung auf.

Mittlerweile wurden von diesem Zwerghamster 25 Unterarten beschrieben, von denen längst nicht alle anerkannt sind. Diese variieren hauptsächlich in Körpergröße und Fellfärbung – einige ehemals

Grauer Zwerghamster (*Cricetulus migratorius*) Foto: K. Rudloff

Transbaikal-Zwerghamster (*Cricetulus pseudogriseus*)
Foto: N. Batsaikhan

als Unterarten geführte Formen haben inzwischen bei einigen Autoren sogar Artstatus (*C. griseus*, *C. obscurus*, *C. pseudogriseus*).

Der Chinesische Streifenhamster (*C. griseus*) aus dem Nordosten Chinas, manchmal auch Chinesischer Zwerghamster genannt, baut für den Sommer lediglich einen einfachen Tunnel mit einer Wohnkammer am Ende; im Winter dagegen legt er verzweigte und komplexere Gangsysteme an. Nahrungsgrundlage sind Sämereien, gelegentlich werden Insekten gefressen. Chinesische Streifenhamster erreichen eine Größe von 110–120 mm (plus ca. 23 mm Schwanz) bei einem Gewicht von etwa 30–45 g. Der Chinesische Zwerghamster wurde noch bis 1960 als Unterart des Daurischen Zwerghamsters (*C. barabensis*) angesehen, bevor der Artstatus durch Chromosomenanalysen bestätigt wurde. Die beiden Spezies unterscheiden sich rein optisch dadurch, dass *C. barabensis* im Alter eine blassere, rötlichere Fellfärbung bekommt.

Nachdem der Chinesische Streifenhamster aufgrund seiner Altersanfälligkeit für Diabetes in Laboratorien als Versuchstier Verwendung fand, wurde er auch als Heimtier immer beliebter. Bereits 1937 wurden die Chinesischen Zwerghamster domestiziert, und seit 1971 werden diese gutmütigen Zwerghamster auch in Deutschland als Heimtier angeboten.

Die Arten dieser Gattung gelten als in der Natur nicht gefährdet.

Rattenartiger Zwerghamster
(*Tscherskia* OGNEV, 1914)

Aus dieser Gattung ist bislang nur eine Art bekannt (monotypische Gattung) – der Rattenartige Zwerghamster oder Rattenhamster (*Tscherskia triton* (DE WINTON, 1899)). Diese Art ist mit einer maximalen Körperlänge von 250 mm der größte bekannte Zwerghamster. Die Tiere sind einfarbig dunkelbraun bis grau, wobei die Bauchseite weißgrau gefärbt ist und sich das Fell vom Rücken her nach unten hin aufhellt. Kinn und Oberseite der Pfoten sind weiß. Der Schwanz ist etwa 70–100 mm lang und grau bis weiß. Dieser Zwerghamster lebt in Zentral- und Nordost-China, in der Mandschurei, Korea und in Südost-Sibirien. Als einziger Zwerghamster bevorzugt der Rattenhamster eher feuchte Gebiete als Lebensraum. So trifft man ihn in seiner Heimat u. a. in Flusstälern, in Graslandschaften und auf landwirtschaftlichen Nutzflächen an.

Tscherskia triton trägt seinen Trivialnamen aufgrund seiner äußerlichen Ähnlichkeit mit einer Ratte. Über diesen Hamster ist sehr wenig bekannt, er wird nur äußerst selten gehalten, gilt aber als in freier Natur nicht gefährdet.

Mittelgroße Zwerghamster
(*Allocricetulus* ARGYROPULO, 1933)

- Mongolischer Zwerghamster (*A. curtatus* (ALLEN, 1925))

Mongolischer Zwerghamster (*Allocricetulus curtatus*)
Foto: K. Rudloff

Dshungarische Zwerghamster werden in mehreren Farben gezüchtet (Winterweiß, Saphir und Wildfarbe) Foto: G. Siefer

- Eversmann-Zwerghamster (*A. eversmanni* (BRANDT, 1859))

Bei den *Allocricetulus*-Arten handelt es sich – wie der Name schon sagt – um mittelgroße Arten mit einer Köperlänge von 100–130 mm, die einen relativ kurzen Schwanz von 17–25 mm Länge besitzen. Dieser ist stets länger als der Hinterfuß. Oberseits sind diese Tiere gelb-bräunlich gefärbt, unterseits weiß. Sie ähneln im Habitus den Arten der Gattung *Phodopus*. Beide bekannten Arten zeigen keinen jahreszeitlichen Farbwechsel des Fells. Der Eversmann-Zwerghamster bewohnt den Norden Kasachstans. Der Mongolische Zwerghamster lebt, wie der Name schon andeutet, in der Mongolei und angrenzenden Gebieten in China. Es gibt Berichte, wonach diese Arten wesentlich empfindlicher (z. B. Infektionen) sind als alle anderen Zwerghamster-Arten. Über die Biologie dieser Arten ist bisher sehr wenig bekannt, sie gelten aber als nicht in ihrem Bestand gefährdet. Mittelgroße Zwerghamster werden nur sehr selten gepflegt.

Kansu-Zwerghamster (*Cansumys* ALLEN, 1928)

- Kansu-Zwerghamster (*C. canus* ALLEN, 1928)

Über den Kansu-Zwerghamster ist nicht viel bekannt. Er stammt aus der chinesischen Provinz Gansu (Kansu) und erreicht eine Körperlänge von 14 cm (plus ca. 10 cm Schwanz). Dieser gräuliche Zwerghamster trägt nach Angaben des Erstbeschreibers ein eher langes, zotteliges Fell.

GESCHICHTLICHES

Zwerghamster haben erst eine relativ kurze Geschichte als Labor- und Heimtier.

1905 entdeckte THOMAS CAMPBELL den Campbell-Zwerghamster. Die ersten Campbell-Zwerghamster wurden jedoch erst wesentlich später in einem Labor des Zoologischen Instituts der Akademie der Wissenschaften in Leningrad (heute wieder Sankt Petersburg) gehalten, sie stammten aus der Mongolei. Auch heute noch wird in Russland eifrig an Zwerghamstern geforscht, um u. a. die Biologie und verwandtschaftlichen Beziehungen dieser interessanten Nager zu ergründen. Vor 1995 gab es den Campbell-Zwerghamster kaum in Zoohandlungen als Heimtier zu kaufen.

Der Dshungarische Zwerghamster wurde 1773 von dem Deutschen SIMON PALLAS beschrieben, ebenso wie der Daurische Zwerghamster. Gegen Ende der 1960er-Jahre beschäftigte sich das deutsche Max-Planck-Institut sehr eingehend mit Zwerghamstern, besonders mit dem Dshungarischen, und seither finden auch sie immer mehr Bedeutung als Labor- und Heimtiere. Mitte der 1970er wurde eine Gruppe Dshungarischer Zwerghamster zur St. Mary`s Universität nach Großbritannien gebracht. Seit etwa 1977/78 erfreuen sich diese possierlichen Hamster auch dort steigender Beliebtheit – erst im Labor und dann als Heimtier.

Campbell-Zwerghamster schafften den Sprung von Labor- zum Heimtier. Foto: C. Ehrlich

Die Roborowski-Zwerghamster wurden durch den Tierpark Berlin-Friedrichsfelde in Deutschland eingeführt. Sie wurden nach der Roborovski-und-Kozlov-Expedition von 1894 benannt, bei der das erste Tier dieser Art „ausgegraben" wurde. 1902 wurde die Spezies von dem Russen K. SATUNIN beschrieben. Der gesellige Roborowski-Zwerghamster hielt mittlerweile ebenfalls Einzug in die Wohnstuben, ist aber immer noch seltener zu bekommen als die beiden anderen Arten.

ZWERGHAMSTER ALS HEIMTIERE

WICHTIGE ÜBERLEGUNGEN UND VORBEREITUNGEN

Sie möchten sich einen Zwerghamster als neuen Hausgenossen zulegen. Die Frage ist nun, was dieser kleine Kerl alles benötigt. Bevor Sie sich über diese wichtige Frage Gedanken machen, sollten Sie sich jedoch darüber im Klaren sein, dass nicht nur der Zwerghamster Bedürfnisse hat, sondern auch sein Halter – also Sie. Nicht allzu selten entscheiden sich Menschen, ein Tier zu erwerben, nur weil es „so possierlich" ist. Doch man sollte bei der Betrachtung eines noch so interessanten Tieres immer bedenken: „Passt dieses Tier auch in mein Leben?" Die folgenden Ausführungen sollen Ihnen helfen, diese Frage zu beantworten und die Entscheidung für oder gegen die Anschaffung eines oder mehrerer Zwerghamster erleichtern. Hüten Sie sich vor Spontankäufen!

Ganz wichtig ist, im Vorfeld zu prüfen, ob Sie oder Mitglieder Ihrer Familie möglicherweise eine Tierhaarallergie haben. Einen Allergietest können Sie häufig beim Internisten oder einem Dermatologen machen lassen. Es wäre schade, wenn Sie sich an Ihren neuen Hausgenossen gerade gewöhnt hätten, ihn aber gleich wieder abgeben müssten, weil seine Anwesenheit bei Ihnen oder Familienangehörigen z. B. Niesreiz und juckende Augen verursacht.

Reichen Geld und Zeit, um Ihren Zwerghamstern ein abwechslungsreiches Leben zu bieten? Foto: C. Ehrlich

TIPP

Setzen Sie sich mit allen Mitbewohnern vor der Anschaffung Ihrer Zwerghamster zusammen und sprechen Sie möglicherweise auftretende Probleme im Vorfeld durch!

Unterbringung und Platz

Zunächst stellt sich die Frage, wohin mit dem Hamsterheim? Bietet die eigene Wohnung genügend Platz, um einen Zwerghamster oder gar mehrere unterzubringen? Und wenn ja, an welche Stelle der Wohnung dann mit dem Käfig oder Terrarium? Diese zunächst banal klingenden Fragen werden spätestens dann wichtig, wenn der stolze Besitzer vom Einkauf mit Hamster, Käfig und allerlei Zubehör zurückkehrt und feststellt, dass der zunächst angedachte Platz ungeeignet ist. Möglicherweise ist der Käfig nun doch größer als zunächst gedacht oder er passt nicht zur Einrichtung usw.

Ein Zwerghamstergehege kann gar nicht groß genug sein – eine Größe von 60 x 30 x 40 cm (Länge x Tiefe x Höhe (L x T x H)) ist für ein Pärchen Zwerghamster das Minimum. Ein offenes ausrangiertes Aquarium als Hamsterheim muss mindestens 40 cm hoch sein, damit die Zwerghamster nicht durch einen kräftigen Sprung entweichen können.

Der Standort für das Hamsterheim

Das Zwerghamstergehege muss an einem ruhigen Platz in Ihrer Wohnung aufgestellt werden. Es ist von Vorteil, wenn Sie es nicht auf dem Fußboden platzieren, gerade dann nicht, wenn es sich in einem Raum befindet, in dem sich die menschlichen Bewohner viel bewegen. Der Zwerghamster spürt die Vibrationen des Fußbodens, die durch Ihr Gehen hervorgerufen werden – und die das Tier erheblich stören! Ferner darf das Hamsterheim nicht in direkter Nähe zu Fernseher und/oder HiFi-Anlage bzw. deren Lautsprechern aufgestellt werden. Laute Geräusche sind schädlich für die Tiere! Auch ein Fensterplatz ist für das eher dämmerungs- und nachtaktive Tier nicht geeignet: Der Zwerghamster darf nämlich nicht über einen längeren Zeitraum direkter Sonneneinstrahlung ausgesetzt werden. Außerdem ist Zugluft für einen Zwerghamster schädlich – gerade bei Gitterkäfigen ist darauf zu achten, dass ihr Tier keinen Zug bekommt.

Falls Sie rauchen, sollten sie bedenken, dass der Zigarettenqualm auch für den Zwerghamster ungesund ist. Das Gehege sollte dann also in einem Raum aufgestellt werden, in dem nicht geraucht wird. Wenn Sie mit dem Gedanken spielen, das Hamsterheim im Schlafzimmer oder im Kinderzimmer unterzubringen, müssen Sie bedenken, dass ein Zwerghamster sich zwar auch am Tage zeigt, seine Hauptaktivitätsphase jedoch in der Dämmerung und während der Nacht hat. Folglich produziert er gerade dann, wenn der Mensch schlafen möchte, die meisten Geräusche. Wenn Sie glauben, dass dieser Hamsterkrach sie stören wird, sollten Sie auf die Aufstellung im Schlaf- bzw. Kinderzimmer verzichten.

Zur Umgebungstemperatur lässt sich Folgendes sagen: Im Allgemeinen können Zwerghamster Kälte relativ gut vertragen. Sie haben bestimmte Methoden entwickelt, um über einen längeren Zeitraum tiefe Temperaturen unbeschadet zu überstehen. Temperaturen weit unter dem Gefrierpunkt sind daher kaum ein Problem. Berichten zufolge waren Dshungarische Zwerghamster im natürlichen Lebensraum noch bis – 40 °C mobil. Während der kalten Jahreszeit passen sich die Tiere physiologisch an und ändern ihr Verhalten. Zwerghamster dauerhaft bei sehr tiefen Temperaturen zu halten, ist aber trotzdem sicher nicht wünschenswert. Für unsere Lieblinge ist eine Umgebungstemperatur von etwa 21 °C sehr gut geeignet, Chinesische Streifenhamster fühlen sich auch bei 15 °C wohl. Sie sollten zudem wissen, dass alle Zwerghamsterarten hitzeempfindlich sind!

Kosten

Der Preis für Zwerghamster erscheint im ersten Augenblick relativ gering. Sie sollten jedoch bedenken, dass Sie für den Unterhalt der Tiere aufkommen müssen – bis an deren Lebensende. Die Anschaffung eines Geheges bleibt womöglich eine einmalige Ausgabe, die Unterhaltskosten für Ihren neuen Hausgenossen sind jedoch laufend. Sie müssen regelmäßig Futter (Trocken- und Frischfutter),

Heu und Einstreu kaufen. Nun sind diese Dinge nicht allzu teuer, müssen jedoch eingeplant werden. Diverses Zubehör wie Häuschen, Laufräder und „Spielzeug" kommt noch hinzu.

TIPP

Ein Spaziergang durch die Zoohandlungen in Ihrer Nähe kann Ihnen ein Bild vermitteln, was an Kosten auf Sie zukommt, außerdem können Sie gleichzeitig die Angebote vergleichen.

Die Preise für einen Zwerghamster sind in den verschiedenen Zoohandlungen sehr unterschiedlich. Es kommt hierbei auf die Art sowie auf die Farb- und Fellvariante an. Ein wildfarbener Dshungarischer oder Campbell-Zwerghamster kostet je nach Stadt und Zoohandlung zwischen 5 und 15 Euro. Die besonderen Varianten sind häufig entsprechend kostspieliger. Roborowski-Zwerghamster und Chinesische Streifenhamster kosten meistens ebenfalls etwas mehr.

Sie sollten sich außerdem darüber im Klaren sein, dass auch ein Zwerghamster mal krank werden kann. Das Tier benötigt dann eine intensivere Pflege und die erhöhte Aufmerksamkeit seines Halters. Möglicherweise wird auch ein Tierarztbesuch fällig. Sind Sie bereit, die dann anfallenden Kosten zu übernehmen?

Zeitaufwand

Zwerghamster beanspruchen nur wenig Zeit von ihrem Halter. Wie häufig Sie den Käfig reinigen müssen, richtet sich vor allem nach der Anzahl an Zwerghamstern, die Sie darin halten. Normalerweise ist einmal in der Woche eine entsprechende Reinigung (s. u.) einzuplanen. Die Versorgung mit Futter und Wasser sowie der kurze Gesundheitscheck der Tiere müssen täglich durchgeführt werden. Diese Handlungen werden jedoch rasch zur Routine und beanspruchen nur wenig Zeit. Möchten Sie Ihren Zwerghamster jedoch zähmen, so sollten Sie Ihren neuen Hausgenossen täglich „händeln", d. h. ihn in die Hand nehmen und sich persönlich mit ihm beschäftigen, damit er sich an Sie gewöhnen kann und zahm bzw. zutraulicher wird.

Mitbewohner

Haben Sie bereits Haustiere? Wenn ja, müssen Sie sicherstellen, dass Ihr Zwerghamster vor allen anderen Mitbewohnern in Sicherheit ist. So manche Schmusekatze hat sich in der Nähe eines Nagetieres nicht mehr unter Kontrolle und erinnert sich an das, was sie ist – ein Raubtier. Gleiches gilt für Frettchen und Hunde. Ein größeres fleischfressendes Reptil, das in Ihrer Wohnung lebt, könnte Ihren Zwerghamster ebenfalls für einen willkommenen Leckerbissen passender Größe halten, sofern es an ihn herankommt. Auch Vögel können dem kleinen Nager gefährlich werden oder ihn am Tage durch Laute Geräusche stören, ebenso wie Hunde. Ausnahmen bestätigen natürlich die Regel.

Halten Sie Ihren Zwerghamster am besten in einem Raum, in den die anderen Haustiere nicht so häufig gelangen. Zwerghamster haben einen guten Geruchssinn und können andere Haustiere riechen. Das Wissen, dass sich ein Raubtier, also ein natürlicher Feind, regelmäßig in der Nähe befindet, bedeutet Stress für den kleinen Hamster. Gehen Sie sicher, dass kein anderes Tier von außen an den Zwerghamster gelangen kann.

Und natürlich müssen Sie vor der Anschaffung auch sicherstellen, dass alle menschlichen Mitbewohner die neuen Heimtiere akzeptieren. Zwerghamster sollten zudem stets so untergebracht werden, dass kleine Kinder nicht in einem unbeobachteten Moment herankommen.

URLAUB

Die Probleme beginnen manchmal dann, wenn es auf die Urlaubszeit zugeht. Ein Hamster benötigt regelmäßig Nahrung und Wasser, und auch der Käfig muss saubergehalten werden.

Glücklicherweise finden sich im näheren Umfeld häufig verantwortungsvolle Mitmenschen, die einen Zwerghamster für einen kürzeren Zeitraum gerne mal aufnehmen. Haben Sie eine solche Person gefunden, ist auch dieses Problem beseitigt. Falls nicht, gibt es auch die Möglichkeit, den oder die Zwerghamster in Tierpensionen, Tierhandlungen oder -heimen unterzubringen. Dieser Urlaubsservice

Zwerghamster können auch für Kinder ab dem richtigen Alter interessante Hausgenossen werden. Foto: S. Honigs

wird immer häufiger angeboten – sicher gibt es auch in Ihrer Umgebung einen solchen „Hamstersitter".

Niemals sollten Sie mit dem Gedanken spielen, den Zwerghamster auszusetzen! Früher oder später bedeutet das wahrscheinlich den Tod für den kleinen Kerl. Sollten sogar mehrere Zwerghamster ausgesetzt werden oder entwichen sein und durch Zufall überleben, ist es schwer abzuschätzen, welche Schäden diese Fremdlinge in unserer heimischen Flora und Fauna anrichten könnten (Faunenverfälschung).

Falls Sie auf die Idee kommen, Ihren Hamster mit in den Urlaub zu nehmen, so bedenken Sie, dass sich Ihr Hamster zu Hause am wohlsten fühlt. Der Zwerghamster merkt rasch, wenn er sich nicht mehr in seiner gewohnten Umgebung befindet. Daher wäre es auch von Vorteil, wenn der „Hamstersitter" den Zwerghamster in Ihrer Wohnung versorgen könnte.

TIPP

Zwerghamster verreisen nicht gern! Suchen Sie für Ihre Zwerghamster lieber einen netten Pfleger, der jeden Tag einmal nachsieht, ob alles in Ordnung ist, und den Nagern Futter und Wasser gibt! Bei Kurztrips am Wochenende reichen häufig auch das gehamsterte Futter und eine frisch gefüllte Nippeltränke.

Möchten Sie Ihr Heimtier trotzdem mit in den Urlaub nehmen, denken Sie daran, dass eine solche Reise einen enormen Stress für den Zwerghamster bedeutet. Daher sollten Sie ihn wenigstens in seinem gewohnten Käfig mitnehmen. Versorgen Sie Ihren Hamster auch während der Autofahrt mit Futter und achten Sie darauf, dass auch hier der Zwerghamster keiner direkten Sonneneinstrahlung oder Zugluft (z. B. bei geöffneten Fenstern, eingeschalteter Lüftung oder Klimaanlage) ausgesetzt ist.

In manchen Ländern ist die Ein- und Ausfuhr von Nagern zudem an eine Quarantänezeit gebunden. Eine weitere ganz entscheidende Frage ist, ob Sie den Zwerghamster in Ihre Urlaubsunterkunft mitbringen dürfen.

KINDER UND ZWERGHAMSTER

Zwerghamster sind nicht nur aufgrund ihrer geringen Größe sicherlich keine „Knuddeltiere", sondern wendige und flinke kleine Kerlchen, die sich sehr rasch dem Zugriff von Kinderhänden entziehen können. Zum Spielen und Kuscheln sind Zwerghamster daher ungeeignet. Es gibt durchaus Zwerghamster, die nach regelmäßigem Handling und Gewöhnung an die Kinderhand so zahm werden, dass sie nicht mehr weglaufen. Dies erfordert allerdings ein längerfristiges Engagement von Kind und Hamster. Denn auch das Gemüt des jeweiligen Zwerghamsters spielt hier eine Rolle. Es gibt nämlich auch Zwerghamster, die nie zahm werden, gleich, wie intensiv man sich mit ihnen beschäftigt.

Zwerghamster dürfen auch von Kindern nicht dazu gezwungen werden, Dinge zu tun, die sie nicht von sich aus machen möchten. Ein Zwerghamster darf z. B. nicht in ein Spielzeugauto oder eine im Handel erhältliche geschlossene Laufkugel gesteckt und darin durch das Zimmer geschoben bzw. gerollt werden. Der Zwerghamster sollte vielmehr selbst entscheiden, was er gerade tun möchte, wenn er aus seinem Gehege genommen wurde. Bieten Sie ihm einige geeignete Gegenstände an, aus denen er dann wählen kann. Eltern müssen ihre Kinder also vor dem Kauf des Zwerghamsters auf dessen Eigenarten ausreichend vorbereiten.

Zwerghamster sind jedoch trotz oder gerade aufgrund ihrer geringen Größe, ihres possierlichen Äußeren und ihres interessanten Verhaltens ansprechende Hausgenossen – auch schon für ältere Kinder. Eltern wissen am besten, ab welchem Alter Ihr Kind dazu bereit ist, sich um einen neuen Hausgenossen selbstständig kümmern zu können. Denn schließlich ist die Pflege eines Tieres eine große Verantwortung! Ihr Kind sollte mindestens acht Jahre alt sein, um einen Zwerghamster vernünftig und in Eigenverantwortung pflegen zu können. Trotzdem obliegt es wiederum Ihrer Verantwortung, zu prüfen und dafür Sorge zu tragen, dass sich Ihr Kind um seinen Hausgenossen kümmert und ihn entsprechend versorgt.

ERWERB

DIE ENTSCHEIDUNG

Prüfen Sie nun, ob Sie sich wirklich sicher sind, einen bzw. mehrere Zwerghamster halten zu können. Haben Sie Zweifel, ist zum Wohl des Tieres und zu Ihrem eigenen Wohl von einer Anschaffung eher abzuraten. Denn ein Tier kann sich nicht Ihren Gewohnheiten anpassen und somit zum Störfaktor in Ihrem Alltag werden.

Haben Sie jedoch alles gut durchdacht, steht dem Einzug dieses neuen Hausgenossen nichts mehr im Wege. Sie müssen sich nur noch für eine Zwerghamsterart entscheiden. Diese Entscheidung ist ganz Ihren persönlichen Interessen überlassen. Möchten Sie Ihren Zwerghamster hin und wieder herausnehmen und sich mit ihm beschäftigen, sind Campbell-, Dshungarische und Chinesische Zwerghamster sehr gut geeignet. Allerdings muss man sich von Anfang an mit den Tieren beschäftigen, um sie an die Hand zu gewöhnen. Roborowski-Zwerghamster dagegen sind einfach zu schnell und quirlig, als dass man sie regelmäßig aus dem Gehege nehmen und in der Wohnung laufen lassen könnte. Diese Art ist jedoch, ebenso wie die anderen, sehr interessant zu beobachten. Beschäftigen Sie sich im Vorfeld mit den Eigenheiten der einzelnen Arten, um sich die für Sie passende auszusuchen.

WIE VIELE ZWERGHAMSTER – DAS SOZIALVERHALTEN

Eine sehr wichtige Frage ist es, wie viele Zwerghamster einer Art zusammen gehalten werden sollten und ob eher Männchen-, Weibchen- oder gemischte

Roborowski-Zwerghamster hält man am besten in Paaren. Foto: C. Ehrlich

Gruppen günstiger sind. Leider sind Berichte von Naturbeobachtungen sehr dürftig, sodass wir uns hier zumeist auf Erfahrungswerte verlassen werden.

Chinesische Streifenhamster sollten einzeln gehalten werden. Bis zu einem Alter von einem bis zu maximal fünf Monaten sind die Tiere einer Gruppe untereinander verträglich. Die Weibchen sind noch während der Paarungszeit den Männchen gegenüber sehr friedlich, werden jedoch besonders dann sehr unverträglich, wenn sie trächtig sind. Die Weibchen beißen den Männchen unablässig in Hinterteil, Schwanz und Hoden. Die sich sehr selten wehrenden Männchen ergreifen allenfalls die Flucht. Bei dieser Zwerghamster-Art übernehmen – wie bei vielen Hamstern – die Weibchen den dominanten Part.

In der Natur leben meist isolierte Paare der Campbell-Zwerghamster zusammen. Wie bereits erwähnt, sind die Männchen bei der Aufzucht des Nachwuchses sehr hilfreich. „Campbells" sind sehr soziale Zwerghamster und können bei genügendem Platzangebot gut in gemischten Gruppen gehalten werden. In reinen Weibchen-Gruppen gibt es häufiger Streitigkeiten als in reinen Männchen-Gruppen, beide Gruppenstrukturen sind jedoch möglich. Auch gleichgeschlechtliche Paarhaltungen sind möglich. Besonders günstig ist es, wenn man Geschwisterpaare hält, diese vertragen sich häufig ohne Probleme auch über einen längeren Zeitraum.

Gerade unter den Campbell-Zwerghamstern gibt es die unterschiedlichsten Charaktere, von sehr freundlich bis überaus bissig und unverträglich. Daher kommt es immer auf die einzelnen Tiere an, wie gut sich eine Gruppe oder ein Paar verträgt.

Dshungarische Zwerghamster gleichen Geschlechts teilen sich in der Natur nur sehr selten eine Höhle. Bei dieser Art ist eine Paarhaltung der Gruppenhaltung vorzuziehen, auch wenn Letztere durchaus gutgehen kann. Soll ein fremdes Tier in eine Gruppe integriert werden, ist es interessant zu beobachten, dass sich Weibchen und Männchen der Gruppe gegenüber einem fremden Männchen ag-

Chinesische Streifenhamster sollten besser einzeln gehalten werden. Foto: C. Ehrlich

gressiv verhalten, aber nur die Weibchen der Gruppe einem fremden Weibchen gegenüber. Möchten Sie gleichgeschlechtliche Tiere halten, um Nachwuchs zu vermeiden, sollten Sie es mit zwei Männchen versuchen. Zwar vertragen sich häufig auch zwei Weibchen untereinander, bei dieser Konstellation läuft der Halter jedoch rascher Gefahr, dass sich die Tiere nach einiger Zeit doch nicht mehr verstehen.

Roborowski-Zwerghamster können sehr gut in einer Familiengruppe gepflegt werden. Hier kommt es selten zu Aggressionen unter den Familienmitgliedern. Sehr schwierig ist es jedoch, ein familienfremdes Tier in die Gruppe zu integrieren!

Die seltener gehaltenen Maushamster können sowohl in einer Gruppe als auch in Paaren gepflegt werden. Die Tiere sind zwar weniger sozial als z. B. Roborowski- und Campbell-Zwerghamster, aber trotzdem in einer Gruppe gut verträglich.

FREMDE WERDEN FREUNDE

Häufiger kommt der Halter mehrerer Zwerghamster in die Situation, dass sich fremde Tiere aneinander gewöhnen sollen. Dies kann z. B. bei neu zusammengestellten Zuchtpaaren der Fall sein, oder wenn Sie einem älteren Hamster einen neuen Gefährten ausgesucht haben, weil der vorige vielleicht verstorben ist. Es ist meistens nicht so einfach, einem Dshungarischen oder einem Campbell-Zwerghamster einen neuen Artgenossen zu vermitteln, bei einzelnen „Roborowskis“ und Chinesischen Streifenhamstern (nur zur Paarung) ist das ein bisschen leichter.

Niemals dürfen Sie ein Tier einfach in das Gehege eines fremden Tieres setzen. Der Eindringling würde sofort gebissen und verjagt werden. Versuchen Sie es zunächst, indem Sie beide Tiere in ein neutrales Gehege einsetzen. Beobachten Sie genau, wie sich die Tiere ihrem Artgenossen gegenüber verhalten. Wenn sich die Zwerghamster sozusagen überhaupt nicht riechen können, fallen sie meistens in der ersten Minute des Zusammentreffens übereinander her, ein erneuter Versuch hat dann häufig keinen Sinn. Trennen Sie die Tiere sofort wieder, wenn es zu heftigen oder gar blutigen Beißereien kommt.

Wenn die Auseinandersetzung nicht so schlimm verlaufen ist, versuchen Sie es am nächsten Tag erneut. Sollten sich die Zwerghamster immer noch nicht vertragen, können Sie es mit einem sog. „Schnüffelgitter“ versuchen. Teilen Sie das neutrale Gehege mit einem Gitter in zwei Hälften. Das Gitter muss natürlich vom Boden bis zum Gehegedeckel reichen und so feinmaschig sein, dass die Zwerghamster nicht hindurchschlüpfen können. In jede Hälfte zieht nun je ein Zwerghamster ein. Die Tiere können sich durch das Gitter hindurch beschnuppern und Kontakt aufnehmen. Möglicherweise reicht diese Kontaktaufnahme bereits aus, um die Tiere nach etwa einer Woche zusammensetzen zu können. In vielen Fällen vertragen sich die Zwerghamster nun. Ist dies nicht der Fall, versuchen Sie wieder die Schnüffelgittermethode, nur diesmal setzen Sie die Tiere alle zwei Tage um, indem Sie sie in die jeweilige Nachbarhälfte des Geheges setzen, jedoch ohne die Gehegehälften zu reinigen. Die Aufnahme der fremden Gerüche kann so intensiver erfolgen. Tauschen Sie die Zwerghamster nach dieser Methode etwa dreimal um und setzen Sie sie dann zusammen. Ein Erfolg kann nie garantiert werden, aber einen Versuch ist es wert.

Harmlose Auseinandersetzung bei Campbell-Zwerghamstern. Foto: C. Ehrlich

Möchten Sie Ihrem alten geselligen Zwerghamster einen neuen Gefährten vermitteln, weil der vorige evtl. verstorben ist, sollten Sie es mit einem jungen, noch nicht geschlechtsreifen Tier versuchen. Ein junger Zwerghamster wird in den meisten Fällen akzeptiert und nicht angefallen. Die Tiere gewöhnen sich häufig sehr schnell aneinander. Es ist meistens auch möglich, ein junges Tier in eine bestehende Gruppe (z. B. bei Roborowski-Zwerghamstern) zu setzen. Die Akzeptanz der Gruppenmitglieder gegenüber Jungtieren ist recht hoch.

Der Kauf

Zwerghamster wurden in den letzten Jahren als Heimtiere immer beliebter. Viele Zoofachgeschäfte bieten daher mittlerweile mehrere Arten und Farbschläge der kleinen Nager an. Am besten ist aber natürlich der Kauf direkt beim Züchter. Kontakte zu Züchtern können Sie über Kleinanzeigen in Fachzeitschriften herstellen, z. B. der RODENTIA (s. „Adressen“). Aber auch auf den immer häufiger statt findenden Tierbörsen sind Zwerghamster anzutreffen. Hier können Sie mit Züchtern und Händlern gleichermaßen in Kontakt treten und Erfahrungen austauschen. Außerdem gibt es noch die Möglichkeit, im Tierheim nachzuschauen, vielleicht ist hier der ein oder andere Zwerghamster gestrandet. Die Preise für Zwerghamster variieren sehr stark (s. o.).

Sie sollten bei der Auswahl Ihres Hamsters darauf achten, dass das Tier einen agilen Eindruck macht, Fell und Augen müssen glänzend und trocken sein. Der Zwerghamster darf nicht zu dünn oder zu fett sein. Auch Tiere, deren Knochen merkwürdig hervorstehen, sollten nicht gekauft werden, meistens handelt es sich bei ihnen um alte Individuen. Nach Rücksprache mit dem Verkäufer probieren Sie ruhig einmal, den Zwerghamster in die Hand zu nehmen,

Zwerghamster können bequem und sicher in Faunaboxen transportiert werden. Foto: Si. Honigs

und beobachten Sie dabei sein Verhalten. Im Normalfall versucht sich der Zwerghamster dem Zugriff zu entziehen. Wirft sich der Zwerghamster auf den Rücken und beginnt zu schreien, ist das ein ganz normales Verhalten (s. u.). Betrachten Sie den Hamster von unten: Die Afterregion muss trocken und sauber sein. Falls das nicht der Fall ist, hat der Zwerghamster wahrscheinlich eine Darmerkrankung und evtl. seine Käfiggenossen bereits angesteckt. Kaufen Sie also besser bei einem anderen Anbieter.

Achten Sie darauf, ob der Hamster bissig ist. Es gibt auch unter Zwerghamstern „schwarze Schafe". Diese Bissigkeit wird der Hamster in der Regel nicht ablegen, manche werden mit der Zeit eher noch angriffslustiger. Ein solcher Zwerghamster ist gerade für Kinder ungeeignet und sollte daher nicht ausgewählt werden. Trotz seiner geringen Körpergröße kann der Biss eines Zwerghamsters sehr schmerzhaft sein. Eine vor Schreck weggezogene Hand kann auch für den nun durch die Luft fliegenden Zwerghamster Verletzungen bedeuten. Derartig bissige Tiere eignen sich als Hausgenossen nur, wenn man sich auf die Beobachtung der kleinen Nager beschränkt. Der zukünftige Halter eines solchen Tieres sollte jedoch bedenken, dass der Zwerghamster bei der Reinigung seines Geheges hin und wieder herausgenommen werden muss. Gewöhnen Sie also Ihren Zwerghamster an Ihre Hand (s. u.) – auch, wenn Sie ihn nur zur Reinigung des Käfigs anfassen wollen.

Das Vorurteil, dass Campbell-Zwerghamster, besonders die Weibchen, sehr bissig sein sollen, ist leider weit verbreitet – zu Unrecht. Die Wahrheit ist, dass bei den Campbell-Zwerghamstern tatsächlich manchmal bissige Tiere auftauchen; Weibchen sind dabei – wie bei allen Hamsterarten – meistens die Angriffslustigeren. Dies liegt aber an der Herkunft der Tiere und dem Umgang beim Züchter und Anbieter. Werden die Tiere nicht gut behandelt oder falsch gehalten, treten Aggressionen gegenüber Menschen auf. Zudem gibt es einige Zuchtlinien, die besonders aggressiv sind, vor allem bei schwarz-weißen Tieren. Dies bedeutet jedoch nicht, dass alle Zwerghamster dieser Farbschläge beißen: Es gibt auch Zuchtlinien, die dies kaum jemals tun. Züchter sollten bei der Vermehrung Ihrer Zwerghamster daher in Zukunft auch auf solche Kriterien bei der Auswahl der Zuchttiere achten!

Der gerade erstandene Zwerghamster kann entweder in einer speziellen Transportbox, einer so genannten Faunabox, oder in einer stabilen und mit kleinen Luftlöchern ausgestatteten Pappschachtel, die der Fachhandel bereithält, nach Hause transportiert werden.

Die Faunabox muss in den meisten Fällen extra bezahlt werden, ist aber sehr praktisch, um auch später den Zwerghamster zu transportieren, z. B. zum Tierarzt.

Wenn der Zwerghamster dann in seinem neuen Heim eingetroffen ist, muss er unbedingt in Ruhe gelassen werden. Er möchte sich zunächst „einrichten" und die vielen neuen Eindrücke aufnehmen und verarbeiten. Dies dauert seine Zeit. Seien Sie nicht zu ungeduldig und geben Sie dem Zwerghamster mindestens einen Tag Zeit, um sich an die neue Situation zu gewöhnen.

TIPP

Es kann sehr hilfreich sein, etwas Einstreu aus dem alten Gehege Ihres Zwerghamsters mit nach Hause zu nehmen und in seine neue Unterkunft zu geben. So fühlt sich der Zwerghamster im neuen Heim nicht allzu fremd.

UNTERBRINGUNG UND ZUBEHÖR

DIE WAHL DES GEHEGES

Wie sollten Sie nun Ihren Zwerghamster oder gar eine ganze Gruppe unterbringen?

Der Größe des Käfigs oder Terrariums ist nach oben kaum eine Grenze gesetzt und wird wohl nur durch Ihre persönlichen räumlichen Möglichkeiten eingeschränkt. Je mehr Zwerghamster Sie in einem Käfig halten, umso größer sollte dieser natürlich sein. Es ist jedoch zu beachten, dass gerade bei den Dshungarischen Zwerghamstern eine Gruppe, die in einem kleinem Käfig harmonierte, in einem viel größeren auseinanderfallen kann und sich die Tiere daraufhin bekämpfen.

Zwerghamster laufen sehr gerne. Besonders der Roborowski-Zwerghamster ist ein echter Langläufer, sehr agil und quirlig. Daher muss gerade ein Gehege für diese Art ausreichend Platz bieten und von der Grundfläche her groß genug sein.

Aber auch nach oben sollten Sie Ihrem Zwerghamster etwas Platz bieten, denn die meisten Zwerghamster sind gute Kletterer. Der Chinesische Streifenhamster ist sogar ein wahrer Kletterkünstler und der Artist unter den Zwerghamstern. Aber auch die äußerlich plumperen Dshungarischen und Campbell-Zwerghamster klettern gern. Die Mindestgröße für ein Zwerghamstergehege ist 60 x 30 x 40 cm (L x T x H).

Wenn es um das Gehege für Ihren Zwerghamster geht, haben Sie die Wahl zwischen Plastikkäfigen, Gitterkäfigen und Aquarien bzw. Terrarien. Gleich, wofür Sie sich entscheiden, jedes Gehege hat seine Vor- und Nachteile.

Gitterkäfige haben den Nachteil, dass bislang nur wenige Käfige speziell für Zwerghamster angeboten werden. Das Problem ist, dass sich ein Zwerghamster unglaublich flach machen kann und somit in der Lage ist, sich durch die Gitterstäbe so manchen Käfigs hindurchzuzwängen. Als Faustregel gilt, wo der Kopf durchpasst, passt auch der Körper durch. Die Gitterstäbe eines Metallkäfigs sollten maximal 0,7 cm auseinanderstehen. Achten Sie besonders auf die Gitterstäbe rund um die Öffnungsklappe; hier stehen die Stäbe häufig weniger eng.

Aus alten Möbelstücken lassen sich richtige Hamsterpaläste schaffen. Foto: S. Honigs

Ein weiterer Nachteil der Gitterkäfige ist, dass die Plastikwannen in der Regel nicht hoch genug sind. Hamster vergraben sich gerne in der Einstreu und bauen sich hier ihre Nester, die sich meistens unter einem Haufen Einstreu, Heu und anderem Nistmaterial verbergen. Ist der Rand der Plastikwanne nicht hoch genug, fällt dieses Material aus dem Käfig und verunreinigt die Umgebung. Auch bei den Grabearbeiten der Hamster wird häufig Material aus dem Käfig geworfen, nicht selten zum Ärger des Halters.

TIPP

Um einer Verunreinigung der Käfigumgebung entgegenzuwirken, können Sie die Seitenwände mit etwa 15–20 cm hohem, dünnem Plexiglas oder durchsichtigen Hartplastikplatten von außen verkleiden. In die Ecken der einzelnen Platten werden hierzu kleine Löcher gestanzt, durch die Kabelbinder o. Ä. gezogen werden, mit denen die Platten außen am Gitter des Käfigs angebracht werden. Der Zwerghamster kann nun von innen die Gitterstäbe noch zum Klettern nutzen, es kann jedoch kein Material mehr aus dem Inneren des Käfigs nach außen gelangen.

Gitterkäfige können durch Etagen erweitert werden, und Plexiglaswände verhindern, dass die Einstreu die Umgebung verschmutzt. Foto: Si. Honigs

Zwerghamster knabbern außerdem hin und wieder am Gitter ihres Käfigs. Dies kann sich gerade in der Nacht zu einer sehr nervigen Ruhestörung auswachsen. Dieser Aspekt sollte daher bei der Planung des Hamsterheims ebenfalls Beachtung finden. Wenn Sie sich für einen Gitterkäfig entscheiden, wählen Sie einen Käfig, dessen Gitterstäbe nicht lackiert sind. Der Lack wird vom Zwerghamster abgenagt und evtl. sogar aufgenommen, was natürlich für den Zwerghamster nicht gesund ist.

Ansonsten bietet der Gitterkäfig den schon erwähnten Vorteil, dass der Zwerghamster ihn auch zum Klettern nutzen kann, sofern die Gitterstäbe an den Seiten horizontal verlaufen. Käfige mit ausschließlich vertikalen Gitterstäben eignen sich also

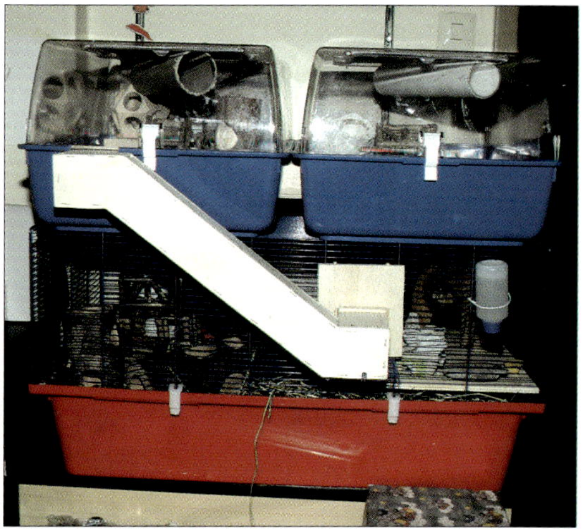

Die Nachteile von Plastikterrarien können durch entsprechenden Umbau kompensiert werden. Foto: C. Ehrlich

nicht für Zwerghamster. Es werden viele Gitterkäfige mit mehreren Etagen angeboten. Achten Sie darauf, dass die Etagenböden nicht aus Gitter, sondern aus durchgängigem Plastik bestehen. Auf den Plastikböden können Zwerghamster ungefährdeter laufen, und Sie können diese Etagen mit Einstreu auslegen.

Plastikkäfige haben den Nachteil, dass Ihr Zwerghamster die Wände nicht zum Klettern nutzen kann. Dieser Nachteil kann durch eine entsprechende Einrichtung jedoch wieder wettgemacht werden. Hier ist die Phantasie des Halters gefragt.

Häufig bieten Plastikkäfige Zwerghamstern jedoch Angriffspunkte zum Knabbern. Hat der Hamster erst einmal damit begonnen, die Plastikwände anzuknabbern, hört er so rasch nicht damit auf und kann dem Käfig ernsthafte Schäden zufügen. Möglicherweise kann der Hamster sogar durch ein derart angefertigtes Loch entweichen.

Glasaquarien eignen sich ebenfalls sehr gut als Zwerghamsterheim und setzten sich in den letzten Jahren immer mehr durch. Auch hier muss dem Zwerghamster durch eine entsprechende Einrichtung das Klettern ermöglicht werden. Dabei ist jedoch zu beachten, dass Zwerghamster nicht nur gut klettern, sondern auch springen können, und daher eine Abdeckung unbedingt erforderlich ist. Diese Abdeckung sollte aus Gitter bestehen, damit die

Aquarien lassen sich durch rasch gebaute Abdeckungen ausbruchssicher machen. Foto: C. Ehrlich

Nager-Terrarien sorgen für eine gute Durchlüftung. Foto: C. Ehrlich

Durchlüftung des Aquariums gewährleistet bleibt. Die vermeintlich mangelnde Belüftung eines Glasbehälters wird häufig als gesundheitsschädlich für die darin gehaltenen Zwerghamster angesehen. Dies trifft jedoch nur bedingt zu. Eine gesundheitliche Gefährdung tritt nur dann ein, wenn zu viele Tiere in einem Glasbecken gehalten werden. In der Regel reicht die Durchlüftung durch vorhandene Lüftungslöcher (Terrarium) oder oben offene Glasaquarien (mit Gitterabdeckung) aus.

Ein Nachteil des Glasaquariums liegt darin, dass es wesentlich schwerer als ein Gitter- oder Plastikkäfig ist. Nicht jedes Möbelstück kann diese Last tragen, denn je nach Größe hat ein Glasaquarium ein erstaunliches Gewicht.

Dies gilt auch für ein **Terrarium**, das ein ähnliches Gewicht mit sich bringt. Bei einem Terrarium sollte außerdem besonders auf die Durchlüftung geachtet werden. Es muss mindestens zwei Lüftungsgitter haben, bei speziellen Kleinsäugerterrarien sind diese rechts und links der Schiebescheiben angebracht. In üblicherweise für Reptilien genutzten Terrarien sind die Lüftungen vorn unten und hinten oben. Die vordere Lüftungsleiste wird dabei aber schnell von den wühlenden Zwerghamstern verschüttet, sodass die Durchlüftung stockt. Des Weiteren ist darauf zu achten, dass das Terrarium Schiebescheiben hat und keine Falltür. Schiebescheiben sind für Arbeiten im Terrarium wesentlich praktischer, und eine Falltür kann für den Hamster unter Umständen zur Guillotine werden.

Außerdem gibt es natürlich etliche Beispiele für selbst gebaute Gehege für Zwerghamster, z. B. Holzbecken aus beschichteten Spanplatten, die von den Zwerghamstern in der Regel nicht angenagt werden. Anregungen zum Bau solcher Gehege erhalten Sie in Fachzeitschriften (s. „Adressen“) oder bei erfahrenen Haltern.

Ein Vorteil der Aquarien, Terrarien und Plastikkäfige liegt nun auf der Hand – es kann keine Einstreu oder ähnliches Material mehr aus dem Gehege fallen und die Umgebung verunreinigen. Außerdem wird hier dem Zwerghamster der Ausbruch erschwert, sofern der Behälter über einen Deckel verfügt. Ein Nachteil von Terrarien, Aquarien und Plastikkäfigen ist dagegen, dass an den Wänden so gut wie kein Zubehör angebracht werden kann.

Im Handel werden jedoch auch Laufräder mit Gestell oder Saugnäpfen angeboten. Auch für das „Trinkflaschenproblem“ hält der Zoofachhandel einige Lösungen parat: Für viele Plastikkäfige werden Halterungen für Wasserflaschen mitgeliefert, und auch für Aquarien gibt es Wasserflaschenhalter mit Saugnäpfen oder metallenen Aufhängsystemen.

Mit ein wenig Geschick und Phantasie wird aus einem schlichten Terrarium ein interessantes Zwerghamsterheim Foto: S. Honigs

Hier besteht jedoch die Gefahr, dass ein kletterbegabter Zwerghamster diese Halterung als Fluchthilfe nutzen könnte, sofern sich keine Abdeckung auf dem Aquarium befindet. Es werden auch Holzhalter für Wasserflaschen angeboten. Diese können dann ebenso wie die Laufräder im Gehege aufgestellt werden. Wichtig hierbei ist, dass die Wasserflasche einen festen Stand hat, damit die Bewohner nicht von einer umkippenden Wasserflasche erschlagen werden. Es gibt natürlich auch die Möglichkeit, einen Wassernapf zu verwenden. Dieser kann jedoch rasch mit Einstreu verschüttet werden, und der Hamster hat dann keine Möglichkeit mehr, an das Trinkwasser zu gelangen. In jedem Fall sollte der Wassernapf wenigstens aus einem schweren Material (Ton, Stein usw.) bestehen, damit er vom Zwerghamster nicht umgeworfen werden kann.

Die Einrichtung

Bei der Einrichtung eines Zwerghamsterheimes dürfen wir einen wichtigen Aspekt nicht außer Acht lassen: unsere Zwerghamster gehören zu den Wühlern. Jedoch sind nur die wenigsten Arten begnadete Baumeister. Die Mausartigen Zwerghamster bauen z. B. gar keine eigenen Höhlen, sondern nutzen natürliche Felsspalten als Unterkünfte.

Je nach Zwerghamsterart und vorliegendem Biotop fallen die Baue in der Natur völlig unterschiedlich aus. Roborowski-Zwerghamster haben in ihrer Heimat beim Anlegen von Bauen mit sehr beweglichem Baumaterial zu kämpfen, nämlich mit Sand. Daher baut diese Art relativ einfache Röhren, die in einer Nistkammer enden. Die Baue der Dshungarischen Zwerghamster sind bereits stärker gegliedert. Sie bestehen meistens aus einem horizontalen Gang und einer Nistkammer. In den Hauptgang münden verschiedene senkrechte Schächte. Die Anlagen dieser Zwerghamster liegen bis zu 30 cm tief.

Für Zwerghamster sehr komplexe Gangsysteme bauen die Grauen Zwerghamster, zu denen auch der Chinesische Streifenhamster zählt. Mehrere Gänge münden in Nistkammern und Vorratsräume. Je nach Jahreszeit variiert die Tiefe, in der die Gänge und Kam-

Zwerghamster können gut auf handelsüblichen Hobelspänen gehalten werden. Foto: C. Ehrlich

Alle Einrichtungsgegenstände müssen gut gesichert sein, da es beim Untergraben sonst zu Unfällen kommen kann. Foto: C. Ehrlich

mern angelegt werden. Im Winter sind sie zumeist einige Zentimeter tiefer als im Sommer. Eine verbreitete Methode unter Zwerghamstern ist es, fremde verlassene Baue zu besetzen. Daher können Sie Ihren Zwerghamstern auch einige fertige Gänge z. B. in Form von Papprollen, Korkröhren, Bambus etc. anbieten.

Als **Einstreu** für alle Zwerghamsterheime eignet sich die im Zoofachhandel angebotene Kleintiereinstreu (Hobelspäne) sehr gut. Legen Sie das Gehege für die wühlenden Arten mehrere Zentimeter hoch mit Einstreu aus. Sie können den Tieren gar nicht genügend Möglichkeiten zum Graben bieten!

Etwas teurer als Hobelspäne ist Hanfeinstreu. Sie ist ebenfalls gut geeignet, vor allem, weil sie nicht so staubt wie herkömmliche Einstreu. Der Nachteil ist jedoch, dass sie für das Anlegen von Röhrensystemen ziemlich ungeeignet ist. Natürlich können Sie die angebotenen Einstreusorten auch miteinander mischen und experimentieren, welche Mischung für Ihre Zwerghamster geeignet ist. Da Mausartige Zwerghamster in dem Sinne ja keine „Wühler“ sind, benötigen Sie für sie auch keine allzu hohe Einstreuschicht.

VORSICHT

Verwenden Sie im Zwerghamsterheim keine Katzeneinstreu! Diese wird von den Tieren aufgenommen und kann zum Tod führen. Hobelspäne von Nadelhölzern sind wegen des Harzes und starken Aromas als Einstreu ebenfalls ungeeignet.

Heu wird sehr gerne als **Nistmaterial** und „Snack für zwischendurch“ angenommen. Heu ist nicht nur im Handel erhältlich, sondern Sie können es auch selbst herstellen oder bei einem nahe wohnenden Landwirt erstehen. Achten Sie hier jedoch darauf, dass die verwendeten Pflanzen nicht gespritzt wurden und keine giftigen Pflanzen untergemischt sind (s. „Vorsicht, Gift!“).

Genauso gut geeignet als Nistmaterial sind geruchloses und ungefärbtes Toiletten- und/oder Küchenpapier. Hamsterwatte sollte dagegen besser nicht benutzt werden, da es schon häufiger zu Abschnürungen der Füße kam.

Zwerghamster brauchen **Unterschlüpfe**, die sie als Nisthöhle bzw. Vorratskammer verwenden können. Der Zoofachhandel verfügt über ein sehr großes Sortiment an Hamsterhäusern – regelrechte Paläste sind darunter. Es gibt ganz einfache Häuschen aus Holz oder Plastik und aufwändige aus Naturholz sowie Tonhäuschen in den verschiedensten Formen und Farben, glasiert und/oder unglasiert.

Ich habe festgestellt, dass Zwerghamster ein Häuschen aus Holz oder Ton einem Plastikhäuschen in den meisten Fällen den Vorzug geben. Außerdem kann der Hamster an Holz- und Tonhäuschen nagen. Ein Häuschen mit Flachdach ist solchen mit Spitzdach vorzuziehen, die Tiere können das Dach dann als Klettermöglichkeit nutzen. Achten Sie darauf, ob das ausgewählte Häuschen einen

Roborowski-Zwerghamster können durchaus auch auf Sand gehalten werden. Foto: C. Ehrlich

Heu wird gerne als Nistmaterial genommen. Foto: C. Ehrlich

Boden hat oder nicht. Ist ein Boden vorhanden, kann dies gerade bei Plastik- und glasierten Tonhäuschen zu hygienischen Problemen führen! Zwerghamster urinieren auch in ihr Häuschen, und die Feuchtigkeit sammelt sich natürlich auf dem Boden an, denn hier fehlt meistens das absorbierende Material. Außerdem tragen Zwerghamster häufig ihr Futter in die Häuschen, das dann durch Urin verschmutzt werden kann. Ein Häuschen ohne Boden ist also aus hygienischen Gründen vorzuziehen.

Glasierte Tonhäuschen haben den Nachteil, dass sie nicht atmungsaktiv sind. Befinden sich ein oder mehrere Zwerghamster in diesem Häuschen, bildet sich durch die Atmung der Tiere Schwitzwasser, das sich an den Wänden niederschlägt. Ein unglasiertes Tonhäuschen ist daher besser geeignet. Falls Sie zufällig jemanden kennen, der töpfert, oder falls Sie dieses Hobby sogar selbst betreiben, können Sie Ihrem Zwerghamster leicht ein tolles Häuschen oder eine ganze Verstecklandschaft töpfern. Als begabter Heimwerker können Sie auch aus Holz praktische Hamsterhäuschen bauen.

TIPP

Besonders vorteilhaft ist es, wenn der Deckel des Häuschens abnehmbar ist. So können Sie kontrollieren, was sich so alles im Hamsterhaus angesammelt hat, ohne das Nest im Inneren durcheinander zu bringen. Auch um den Nachwuchs zu kontrollieren, ist ein abnehmbares Dach sehr praktisch.

Für Mausartige Zwerghamster müssen einige Steine im Gehege so angeordnet sein, dass die Tiere dazwischen ihr Nest anlegen können und hier gute Klettermöglichkeiten finden.

DAS UNTERHALTUNGSPROGRAMM

Das Zwerghamsterheim muss abwechslungsreich gestaltet sein, damit die Bewohner keine Langeweile verspüren. Denn Langeweile ist ungesund – auch für Zwerghamster! Im Kapitel „Fütterung“ wird beschrieben, wie Sie den Zwerghamster bereits bei der Fütterung beschäftigen können.

Durch ein entsprechendes „Unterhaltungsprogramm“ kann der Halter das Auftreten von Stereotypien bei seinem Zwerghamster vermeiden. Stereotypien sind Störungen im natürlichen Verhalten der Tiere, die sich z. B. darin äußern, dass ein Zwerghamster ständig denselben Weg abrennt oder Rückwertssalti schlägt. In den meisten Fällen ist akute Langeweile die Ursache für derartige Verhaltensstörungen.

Gewöhnen Sie sich an, Eierkartons sowie **Papprollen** z. B. von Küchen- und Toilettenpapier zu sammeln. Ihr Hamster nagt diese gerne an und verwendet sie als Unterschlupf. Zum Benagen können Sie dem Zwerghamster zudem Zweige von ungespritzten Obstbäumen, Weide, Birken und/oder Haselnuss anbieten. Diese eignen sich auch sehr gut zum Klettern. Sie dürfen bei der Einrichtung ruhig kreativ sein und Ihren kleinen Hausgenossen **Klettergerüste** bauen, vorzugsweise aus natürlichen Materialien. Beachten Sie hier jedoch, dass es auch giftige Bäume gibt (s. Kapitel „Vorsicht Gift!“). Man kann jedoch auch einige Klettergestelle im Handel kaufen. Viele Gegenstände, die z. B. für Ziervögel geeignet sind, können in Zwerghamstergehegen ebenfalls Verwendung finden. Auch einige Steine oder Wurzeln sorgen für Abwechslung im Gehege. Sie müssen jedoch fest installiert werden, sodass sie nicht untergraben werden oder umfallen können.

Zwerghamster mögen es, sich zu verstecken. Foto: S. Honigs

TIPP

Bieten Sie Ihrem Zwerghamster doch mal ein ganzes Stückchen Rasen (ruhig mit Boden) an. Er wird seine Freude daran haben. Und falls noch ein paar Insekten darin sitzen, hat er zusätzlich einen tierischen Snack zwischendurch.

Falls das Gehege hoch genug ist, können auch mehrere **Etagen** eingezogen werden, um den Raum besser zu nutzen. In Glasterrarien oder -aquarien können Sie Etagen mittels Silikon anbringen. In selbst gebauten Gehegen aus Holz werden die Zwischenböden auf angenagelte kleine Träger gelegt. Bei Gitterkäfigen mit horizontalen Stäben ergeben sich hier kaum Probleme. Häufig werden im Handel bereits Käfige mit mehreren Etagen angeboten.

Ein **Sandbad** wird von jedem Zwerghamster dankbar angenommen. Das Baden im Sand dient u. a. der Fellpflege. Es darf jedoch kein zu scharfkantiger Sand sein. Sehr gut geeignet sind dagegen der im Fachhandel erhältliche Chinchillasand oder Vogelsand. Der Sand kann in ein flaches Schälchen oder auf einen Teller gefüllt

Im Fachhandel sind verschiedene Hamsterpaläste erhältlich. Foto: C. Ehrlich

Natürliche Materialien werten jedes Zwerghamstergehege auf. Foto: G. Siefer

Das richtige Laufrad kann ein gutes Fitnessprogramm für Ihren Zwerghamster sein. Foto: G. Siefer

werden – bedenken Sie jedoch, dass das Gefäß so groß sein muss, dass sich ein Zwerghamster bequem darin wälzen kann. Aus hygienischen Gründen muss der Sand regelmäßig ausgetauscht werden; manche Zwerghamster benutzen das Sandbad nämlich sehr gerne als Toilette.

Laufräder sind eine gute Möglichkeit, dem Zwerghamster Bewegung zu verschaffen. Mittlerweile werden im Fachhandel die verschiedensten Typen angeboten. Es gibt sie aus Metall und aus Plastik. Die Diskussion darüber, ob ein Laufrad eher nützlich oder schädlich ist, ist so alt wie das Laufrad selbst. Als Vorteil des Laufrads wird stets angegeben, dass der Zwerghamster die Möglichkeit bekommt, sich ausgiebig „auszutoben" und somit der Körper fit gehalten wird. Nachteilig sei aber, dass viele Tiere recht schnell eine Stereotypie im Laufrad entwickeln. Neue Erkenntnisse aus der Verhaltensbiologie zeigen aber, dass zumindest die nahe verwandten Goldhamster durch ein Laufrad weniger (!) Stereotypien ausbilden – für diese Hamster ist ein Laufrad also durchaus empfehlenswert. Solche Forschungen gab es an Zwerghamstern bisher leider nicht, obwohl vieles dafür spricht, dass die Ergebnisse auch auf Zwerghamster übertragbar sind. Ein guter Kompromiss könnte daher sein, das Laufrad nicht dauerhaft im Zwerghamstergehege zu belassen, sondern es dem Zwerghamster nur für ein paar Stunden während der Aktivitätsphasen anzubieten.

Doch welches Rad ist nun das Richtige? Zu den Metallrädern ist zu sagen, dass der Zwerghamster hier oft direkt auf Metallstäben laufen muss. Das kann sehr schädlich für die Füße und Beine des Hamsters sein. Häufig verletzen sich Zwerghamster in diesen Laufrädern. Es werden aber auch Metallräder angeboten, deren Metallstäbe mit Juteband oder Kunststoff überzogen sind, sodass der Zwerghamster nicht mehr auf den Stäben selbst läuft. Sofern diese Räder eine vernünftige Halterung haben, sind sie auf jeden Fall deutlich besser geeignet.
Bei vielen Hamsterkäfigen wird ein Laufrad aus Plastik mit Stäben als Lauffläche mitgeliefert. Diese Räder sind ungeeignet, da Ihr Hamster auch hier auf Stäben laufen muss. Außerdem werden die relativ dünnen Plastikstäbe gerne angeknabbert.

Besonders gut geeignet sind dagegen Laufräder aus Hartplastik: Diese Räder haben eine geschlossene Lauffläche und eine ebenfalls geschlossene Rückseite. An der Rückseite wird das Rad an einem Gestell angebracht, sodass es auch in ein Aquarium oder Terrarium gestellt werden kann. Bei diesem Laufrad ist die Verletzungsgefahr praktisch auszuschließen. Dem Quietschen eines Laufrades kann mit einigen Tropfen pflanzlichen Speiseöls Abhilfe verschafft werden.

Im Fachhandel werden leider auch denkbar ungeeignete **Spielgegenstände** für Hamster angeboten. Die aus buntem Plastik bestehenden Laufkugeln

Heben Sie Papprollen für ihre Zwerghamster auf.
Foto: S. Honigs

Sandbäder sind wichtig für die Fellpflege.
Foto: S. Honigs

sind reine Tierquälerei. Ersparen Sie Ihrem Hamster derartige Dinge und nehmen Sie fragwürdige Utensilien vor dem Kauf genau unter die Lupe.

Sie sehen, es gibt trotz einigen sogar eher schädlichen Zubehörs erstaunlich viele einfache Möglichkeiten, um Ihrem Zwerghamster das Leben abwechslungsreich zu gestalten. Seien Sie kreativ, Ihr Hamster wird es Ihnen danken!

AUSBRUCHSKÜNSTLER

Zwerghamster sind wahre Ausbruchskünstler, wie schon gesagt. Die kleinen Kerlchen können sich durch winzigste Spalten quetschen, und wenn es darauf ankommt sehr gut klettern und recht hoch springen. Stellen Sie also bei der Auswahl des Geheges sicher, dass der Zwerghamster nicht entweichen kann. Dies schließt eventuellen Nachwuchs mit ein. Auch Hamsterbabys können nach kurzer Zeit laufen (s. „Zucht“) und versuchen durch jede Spalte zu klettern, die sie finden. Die Gitterstäbe eines Käfigs sind da keine Ausnahme.

Geraten Sie nicht in Panik, wenn Ihrem Zwerghamster trotz aller Sicherheitsmaßnahmen die Flucht gelungen sein sollte. Suchen Sie zunächst in der Nähe seines Geheges nach dem Ausreißer, bevor Sie anderswo nachsehen.

Ist ein Zwerghamster ungewollt in der Wohnung unterwegs, beachten Sie einige Sicherheitsregeln. Zunächst sollten alle Mitbewohner informiert werden, damit der kleine Ausbrecher nicht aus Versehen totgetreten wird. Sorgen Sie zudem dafür, dass der Zwerghamster nicht an Ihren Zimmerpflanzen knabbern kann. Viele beliebte Zimmerpflanzen, hierbei besonders tropische Pflanzen wie z. B. die Dieffenbachie, sind für Kleintiere giftig (s. Kasten).

EINIGE GIFTIGE ZIMMERPFLANZEN

Aronstabgewächse wie der beliebte *Philodendron* (Baumfreund), *Dieffenbachia*, *Scindapsus* (Efeutute), *Spatiphyllum* (Einblatt), *Anthurium* (Flamingoblume)
Viele Wolfsmilchgewächse, z. B.:
Euphorbia pulcherrima (Weihnachtsstern) und *E. milli* (Christusdorn), Araliengewächse: *Fatsia* (Aralie), *Hedera* (Efeu) und *Schefflera*. Die Gummibäume *Ficus* und viele Farne, das Wandelröschen (*Lantana*), die Passionsblume (*Passiflora*) und der Oleander (*Nerum*)

Des Weiteren schauen Sie immer genau auf den Fußboden, bevor Sie eine Zimmertür schließen. Sie könnten sonst ungewollt den Zwerghamster dort einklemmen. Prüfen Sie Spül- und Waschmaschinen auf „Zwerghamsterinhalt“, bevor Sie diese benutzen. Zwerghamster können durchaus gut klettern und Gegenstände erklimmen, von denen sie nicht auf demselben Wege wieder herunterkommen. Häufig fallen Zwerghamster dann hinunter und verletzen sich schwer. Stellen Sie sicher, dass der Ausbrecher nicht in

Einfach gebaute Fallen sind sehr effektiv. Foto: S. Honigs

etwas fallen kann, aus dem er nicht mehr herauskommt oder worin er sogar ertrinken kann. Aquarien, geöffnete Toiletten, Pflanzenübertöpfe, Vasen und Putzeimer sind beispielsweise derartige Fallen.

Haben Sie keine Angst, dass sich der Ausbruchskünstler über Ihre Stromkabel hermacht. Ich habe festgestellt, dass zumindest Campbell- und Dshungarische Zwerghamster kein so großes Interesse daran haben, Stromkabel anzuknabbern. Zwerghamster machen sich lieber an herumliegendem Papier, Plastik, Pappe, Stoff und ähnlichen Dingen zu schaffen.

Doch wie bekommen Sie Ihren Zwerghamster nun wieder in sein Gehege? Wenn Sie den entlaufenen Zwerghamster in Ihrer Wohnung aufgespürt haben, können Sie zunächst versuchen, ihn mit den Händen zu fangen. Vielleicht haben Sie ja auch ein Netz in der Nähe, im Notfall tut es auch ein Handtuch. Wenn sich der Hamster unter dem Handtuch (oder einem Pullover o. Ä.) befindet, müssen Sie rasch handeln und den Hamster mitsamt dem Handtuch hochheben...

In Zoohandlungen sind häufig so genannte Lebendfallen für Mäuse oder Ratten erhältlich. Diese funktionieren meistens auch bei Ihrem Zwerghamster. Sie müssen die Falle nur mit einer sehr beliebten Leckerei bestücken.

Falls dies alles nicht funktioniert, gibt es noch die Möglichkeit eine eigene Falle zu bauen. Hierzu gibt es zwei bewährte Methoden:

- Nehmen Sie einen hohen Zehnliter-Eimer. Legen Sie auch hier einige Leckerchen hinein. Der Eimer muss nun etwas schräg gestellt werden. Legen Sie hierzu einfach ein Buch unter den Eimer. Nun benötigen Sie noch eine „Rampe“. Ein Holzbrett mit rauer Oberfläche eignet sich ganz gut. Lehnen Sie die Rampe nun an den Eimer und platzieren Sie diese Falle dort, wo das Hamsterheim steht oder Sie den Hamster das letzte Mal gesehen haben. Um den Hamster noch sicherer anzulocken, legen Sie eine Futterspur bereits auf der Rampe an. Der Zwerghamster geht dem Geruch seines Lieblingssnacks nach und wird die Rampe emporklettern, um an das Futter zu gelangen. Nun rutscht er in den Eimer. Hieraus kann er nicht mehr entkommen, die Wände des Eimers sind zu glatt für eine Flucht.
- Falls Sie im Besitz einer kleinen Zigarrenkiste mit Schiebedeckel o. ä. sind, haben Sie bereits eine hervorragende Falle. Stellen Sie die Kiste so auf, dass der Deckel als Falltür funktionieren kann. Die Falltür stützen Sie nun mit einem Stück Holz oder einem Stift am Rand der Kiste ab. An das untere Ende dieser Stütze binden Sie eine lange Schnur. In die Kiste wird noch eine Hamsterleckerei eingebracht, und fertig ist die Falle. Sie müssen sich allerdings nun auf die Lauer legen, um die Falle zu bedienen. Wenn der Hamster darin sitzt, ziehen Sie rasch am anderen Ende der Schnur, und die Falltür schließt sich – der Zwerghamster ist gefangen.

Es genügt jedoch nicht, Ihren Zwerghamster wieder gesund eingefangen zu haben. Ergründen Sie, auf welchem Weg der Hamster aus dem Gehege entkommen ist, und beseitigen Sie die Ursache. Ihr Zwerghamster hat, was Fluchtwege anbelangt, ein sehr gutes Gedächtnis!

PFLEGEMAẞNAHMEN

Zur täglichen Pflege des Zwerghamsters gehört die Kontrolle des Tiers und seines Geheges. Auf den Gesundheitscheck des Zwerghamsters wird später näher eingegangen (Kapitel „Der gesunde Zwerghamster“).

Als Hamsterpfleger müssen Sie jeden Tag nachschauen, ob sich Ihr Zwerghamster noch in seinem Gehege befindet. Sofern Sie ein Pärchen pflegen, ist auch zu prüfen, ob sich Nachwuchs eingestellt hat. Erfreut sich der Zwerghamster soweit bester Gesundheit, können Sie das Gehege in Augenschein nehmen: Hat der Zwerghamster noch genügend Futter, ist das Futter sauber? Liegt evtl. irgendwo altes Frischfutter? Sie sollten gerade nach der Fütterung mit frischem bzw. verderblichem Futter darauf achten, dass Ihr Zwerghamster dieses nicht irgendwo im Gehege gut versteckt, denn hier könnte es unbemerkt verderben und möglicherweise zu einer Erkrankung des Hamsters führen.

Auch die Toilettenecke des Geheges müssen Sie regelmäßig reinigen. Hierzu ist es nicht notwendig, die gesamte Einstreu aus dem Gehege zu entfernen. Es genügt, wenn Sie die verschmutzte Einstreu durch frische ersetzen. Für den Zwerghamster ist es sogar von Vorteil, wenn Sie nicht jede Woche die gesamte Einrichtung seiner Unterbringung durcheinanderbringen oder austauschen. Zwerghamster markieren ihre Umgebung durch Duftdrüsen, erkennen so ihr Territorium wieder und fühlen sich dort wohl. Reinigen Sie ständig das gesamte Gehege, muss sich der Zwerghamster immer wieder neu zurechtfinden und neue Duftmarken anbringen.

TIPP

Bei einer Gehegereinigung mischen Sie möglichst saubere alte mit neuer Einstreu. So fühlt sich der Hamster rasch wieder zu Hause. Lassen Sie auch das Häuschen am angestammten Platz.

In der Regel braucht der Großteil der Einstreu nur alle zwei Wochen erneuert zu werden.

Wenn Sie Ihrem Hamster Trinkwasser anbieten, erneuern Sie dies täglich und achten Sie darauf, dass der Wasserbehälter (Napf oder Trinkflasche) immer sauber ist.

Zur Pflege gehört es zudem, sicherzustellen, dass noch ausreichend Futter im Hause ist. Besonders vor dem Wochenende und vor Feiertagen ist es wichtig, die Futterversorgung zu gewährleisten.

Erneuern Sie – wenn nötig – Papprollen und bringen Sie neues Heu in den Käfig ein.

Die Pflege Ihres Zwerghamsters ist also grundsätzlich keineswegs ein sonderlich schwieriges Unterfangen.

AKTIVITÄTSZEITEN

Dshungarische, Campbell- und Roborowski-Zwerghamster sind zwar hauptsächlich in der Nacht aktiv, zeigen sich jedoch bereits in den frühen Dämmerungsstunden und gelegentlich schon am Tag. Sie kommen besonders dann aus ihren Verstecken, wenn sie merken, dass vor ihrem Gehege Trubel ist. Die Chinesischen Streifenhamster sind eher rein nachtaktiv.

Beachten Sie die Schlafphasen Ihres Zwerghamsters, wenn Sie sich mit ihm beschäftigen möchten. Es bedeutet sehr viel Stress für den Hamster, wenn Sie ihn ständig aus dem Schlaf reißen. Dies kann sogar seine Lebenserwartung erheblich verkürzen! Kommt er jedoch von sich aus hervor, brauchen Sie keine Bedenken zu haben. Es ist übrigens von Vorteil, wenn Sie das Gehege am späten Nachmittag oder abends reinigen. Dann können Sie sicher sein, dass Sie Ihren Zwerghamster nicht stören.

DER UMGANG MIT DEM ZWERGHAMSTER

Zwerghamster sind sehr umgängliche Tiere, wenn sie sich erst einmal an die Hand des Pflegers gewöhnt haben. Daher sollten Sie so schnell wie möglich damit beginnen, den Hamster dahingehend zu trainieren. Um Ihren Zwerghamster schrittweise an Sie zu gewöhnen, bieten Sie ihm zunächst regelmä-

Zahme Zwerghamster sind gut in der hohlen Hand zu transportieren. Foto: C. Ehrlich

ßig Leckereien mit den Fingern an. Halten Sie das Leckerchen Ihrem Zwerghamster immer längere Zeit hin, damit er sich an Ihre Hand gewöhnt. Wenn er Ihnen dann ohne Scheu aus den Händen frisst, ist es Zeit für den zweiten Schritt: Gewöhnen Sie ihn daran, von Ihnen berührt und in die Hand genommen zu werden. Bieten Sie ihm hierzu Ihre flache Hand an. Möglicherweise klettert der Zwerghamster direkt darauf, falls nicht, haben Sie Geduld und berühren Sie Ihren Zwerghamster regelmäßig. Zwingen Sie ihn jedoch zu nichts – das könnte höchstens zur Folge haben, dass Ihr Tier aggressiv reagiert und zu beißen beginnt.

Wie nehmen Sie nun Ihren Zwerghamster aus seinem Gehege? Wenn sich Ihr Hamster noch nicht an Sie gewöhnt hat, ist es oft schwierig, ihn mit der Hand aus dem Gehege zu nehmen. Die folgende Technik ist besonders dann gut geeignet, wenn Sie am Anfang noch Bedenken haben, dass Ihnen der Zwerghamster entweichen und weglaufen könnte. Auch Kinder, die im Umgang mit dem Zwerghamster nicht geübt sind, können Ihr Haustier so transportieren. Sie brauchen ein ausreichend großes Glas, eine Papprolle oder eine kleine Transportbox. Versuchen Sie nun Ihren Zwerghamster sanft davon zu überzeugen, in diesen Transportbehälter zu gehen. Die Papprolle ist besonders gut geeignet, wenn Ihr Zwerghamster nicht bissig ist. Zwerghamster lieben es nämlich, sich in schmale und dunkle Höhlen zu zwängen – eine Papprolle ist für sie nichts anderes. Wenn der Hamster in der Papprolle ist, halten Sie beide Seiten mit Ihren Händen zu und transportieren Sie Ihren Passagier so zum Zielort. Mit dem Glas und der Transportbox können Sie ähnlich verfahren. Auch ein bissiger Zwerghamster kann auf diese Weise befördert werden.

Versuchen Sie besser nicht, einen bissigen Zwerghamster mit Handschuhen zu greifen. Wenn es sich um Gummihandschuhe handelt, hat der Hamster keinerlei Probleme, durch den Handschuh hindurch zu beißen. Lederhandschuhe oder dicke Handschuhe aus anderen Materialien haben den Nachteil, dass Sie darin das Gefühl dafür verlieren, wie fest Sie den Zwerghamster halten können. Häufig wird dann zu fest zugedrückt, und der Zwerghamster kann verletzt werden.

Haben Sie einen zahmen Zwerghamster, nehmen Sie ihn besser mit den Händen auf. Greifen Sie den Zwerghamster hierzu mit einer Hand, seitlich von hinten kommend. Greifen Sie beherzt, aber nicht zu fest zu. Sie werden mit der Zeit ein Gefühl dafür entwickeln, wie fest Sie Ihren Zwerghamster halten müssen, damit er sich gerade nicht mehr befreien kann. Sie können Ihren Hamster auch vorsichtig mit beiden Händen hochnehmen, sodass er dann in einer Mulde sitzt, die Sie ihm mit Ihren Händen schaffen.

Es gibt zudem die Möglichkeit, den Zwerghamster an der Nackenhaut zu greifen. Die Technik ist die gleiche wie beim Tragen von Kaninchen. Auch Zwerghamster haben im Nackenbereich „sehr viel Haut“ – ein guter Ansatzpunkt, um den Zwerghamster hier zu greifen. Nähern Sie sich mit Ihrer Hand dem Zwerghamster wieder schräg von hinten. Legen Sie ihm nun sanft Ihre flache Hand auf den Rücken; er wird sich daraufhin flach auf den Boden pressen. Greifen Sie nun mit Daumen und Zeigefinger in das Nackenfell Ihres Zwerghamsters und fassen Sie eine Hautfalte. Nun können Sie den Hamster hochheben. Keine Angst, Ihrem Zwerghamster passiert bei dieser Technik ebenso wenig wie bei den anderen Methoden – sie erfordert allerdings etwas Übung. Für Chinesische Streifenhamster ist diese Methode übrigens weniger geeignet, da sie dabei reflexbedingt Urin lassen. Die nicht bissi-

Typisch Hamster: Die Backentaschen voll bis zum Rand... Foto: C. Ehrlich

gen „Chinesen" können jedoch leicht in der hohlen Hand getragen werden.

Wenn Sie den Zwerghamster auf einen Tisch, die Couch oder einen Stuhl gesetzt haben, achten Sie darauf, dass er nicht über den Rand rennt und abstürzt. Die eher am Boden lebenden Zwerghamster (Campbell-, Dshungarischer und Roborowski-Zwerghamster) haben kein sicheres Gefühl für die Höhe und können sich bei einem solchen Sturz schwere Verletzungen zuziehen.

Verzichten Sie besser darauf, Ihrem Zwerghamster Auslauf in Ihrer Wohnung zu gewähren. Zum einen werden Zwerghamster nie stubenrein, zum anderen verschwindet der Hamster häufig in den winzigsten Spalten, und Sie werden Mühe haben, ihn davon zu überzeugen, wieder hervorzukommen. Außerdem lauern in der Wohnung viele Gefahren auf einen frei laufenden Zwerghamster: Er kann in Türen eingeklemmt oder in Schränken und Schubladen eingesperrt werden, er könnte giftige Zimmerpflanzen anfressen oder durch eine offene Wohnungs-, Garten- oder Balkontüre entlaufen.

Gönnen Sie dem Zwerghamster also lieber ein abwechslungsreich gestaltetes großes Gehege, dann hat er hier genügend Platz zum Laufen.

Zwerghamster müssen und dürfen nicht gebadet werden! Wie die meisten Säugetiere können zwar auch Zwerghamster schwimmen, geraten dabei jedoch rasch in Panik. Ein Sandbad reicht völlig aus, und der Zwerghamster ist durchaus in der Lage sich selbst zu reinigen.

FÜTTERUNG

Für das Wohlbefinden und die Gesundheit Ihres Zwerghamsters spielt die richtige Ernährung natürlich eine entscheidende Rolle. Als Heimtier kann sich der Zwerghamster nicht wie seine Artgenossen im natürlichen Lebensraum selbst mit Nahrung versorgen – hier ist der Halter gefragt...

Es gibt eine große Auswahl an Zutaten für Ihre persönliche Zwerghamsterfuttermischung (in der Mitte befindet sich das Mineralstoffgemisch). Foto: S. Honigs

Dshungarische Zwerghamster ernähren sich zu 60 % von Samen. Foto: C. Ehrlich

Um einen Zwerghamster artgerecht zu ernähren, muss man zunächst einmal wissen, was die Tiere denn überhaupt in der Natur fressen. Forscher können darüber für einige Arten sehr genaue Aussagen machen – auf Expeditionen wurden häufig Zwerghamster in Fallen gefangen. Und die Tatsache, dass fast alle Zwerghamster das gesammelte Futter in Backentaschen in ihre Baue tragen, half den Forschern, qualitative und quantitative Daten über das Futterspektrum zu sammeln.

Die Basis bilden Samen und Früchte der Pflanzenarten, die gerade im Lebensraum der Tiere wachsen, zumeist Gräser und einige Sträucher. Je nach Jahreszeit variiert dieses Pflanzenangebot jedoch beträchtlich. Es ist sehr interessant, dass der Anteil an gefressenen vegetativen Pflanzenteilen, also der Blätter, Stängel und Blüten einer Pflanze, gering ist. Pflanzensamen und -früchte sind also viel wichtiger. Bei einigen Zwerghamster-Arten spielt tierische Nahrung – wie Insekten, Spinnen und sogar Schnecken – eine wichtige Rolle.

Zwerghamster sind in der Lage, sich rasch an neue Futtersorten anzupassen. Diese Flexibilität ist für das Überleben der kleinen Nager in der Natur sehr wichtig, da die verschiedenen Areale, die von den einzelnen Arten besiedelt werden, unterschiedlichste Vegetation aufweisen, die wiederum den jahreszeitlichen Wechseln unterliegt.

Artgerecht – aber was bedeutet das?

Zwerghamster ist nicht gleich Zwerghamster. Je nach Art ist das Verhältnis zwischen gefressenen Samen und Früchten, vegetativen Pflanzenteilen und tierischer Nahrung in der Natur sehr verschieden. Im Folgenden wird auf die Arten eingegangen, die zurzeit als Heimtiere erhältlich sind.

Der Roborowski-Zwerghamster frisst in einigen Arealen weder tierische Nahrung noch vegetative Pflanzenteile, er ernährt sich hier ausschließlich von Samen. In anderen Gegenden wurde jedoch auch tierische Beute in den Backentaschen einiger „Robos" gefunden. Der Anteil tierischer Nahrung ist jedoch gering. So benötigt ein Roborowski-Zwerghamster zur artgerechten Ernährung mindestens 80 % pflanzliche Kost, vorzugsweise aus Sämereien bestehend, und maximal 20 % tierische Nahrung.

Auch die Dshungarischen und Campbell-Zwerghamster verschmähen vegetative Pflanzenteile fast völlig, dafür ist der Anteil tierischer Kost hier größer. Diese Zwerghamsterarten benötigen etwa 40 % tierische und mindestens 60 % pflanzliche Nahrung.

Für den Chinesischen Streifenhamster benötigt man etwa 30 % tierische und 70 % pflanzliche Nahrung, er nimmt auch vegetative Pflanzenteile an.

Für die Mausartigen Zwerghamster liegen mir keine wissenschaftlichen Angaben zum Futterspektrum vor. Dies liegt wahrscheinlich daran, dass die Mausartigen Zwerghamster keine Backentaschen besitzen. Erfahrungen einiger Halter zeigen, dass die Tiere mit 20–40 % tierischer Nahrung durchaus auskommen.

Bedenken Sie also bei der Futterzusammenstellung diese artspezifischen Unterschiede.

TORPOR

Eine sehr interessante Anpassung der Dshungarischen Zwerghamster an ihren Lebensraum ist der so genannte Torpor. Dieses Phänomen tritt während des Winters auf. Es handelt sich um hypotherme Phasen (Zeiten mit geringer Körpertemperatur) während des Tages. Die „Dshungaren" passen sich dadurch dem geringeren Futterangebot während der kalten Jahreszeit an und sparen Energie ein. Die Körpertemperatur kann hierbei bis auf 19 °C sinken. Die Tiere verfallen dabei in eine Lethargie, die bei tieferen Umgebungstemperaturen stärker ist als bei höheren. Während der Langtage im Sommer sind die Tiere schwerer (45 g) und nehmen relativ viel Futter auf (4,0 g /Tag). Während der Kurztage im Winter bauen sie dann ihr Fettdepot ab und fressen weniger (2,8 g/ Tag), die Tiere sind nun leichter (26 g). Für den Übergang zwischen diesen beiden Phasen benötigt der Zwerghamster etwa 10–12 Wochen. Diese reversible physiologische Anpassung wird durch die Änderung der Photoperiode (Tageslichtlänge) hervorgerufen. Tiefe Temperaturen können den Torpor unterstützen.
Wenn wenig Futter im Winter vorhanden ist, reduzieren die „Dshungaren" ihre Bewegungsaktivität, werden jedoch generell am Tag aktiver und gehen dann häufiger auf Futtersuche. Bei ausreichendem Futterangebot zeigen die Tiere ein klares nächtliches Aktivitätsmuster und sind am Tage wenig aktiv. Generell sind die Zwerghamster bei gutem Futterangebot aktiver als bei geringem.
Nicht nur das Gewicht und die Nahrungsaufnahme werden durch die Photoperiodik gesteuert, sondern auch Fellfarbe und Gonadenfunktion (also die Funktion von Ovarien und Hoden). Ein jahreszeitlicher Rhythmus ist daher für die Zwerghamster durchaus wichtig.

WAS SCHMECKT UND IST GESUND?

Zur richtigen Ernährung eines Zwerghamsters gehört also mehr, als ihm die Fertigfuttermischung aus der Zoohandlung anzubieten.

Da Zwerghamster im engeren Sinne keine Nahrungsspezialisten sind, sollten Sie ihrem Tier einen abwechslungsreichen Speiseplan anbieten. Zunächst mag es sich etwas kompliziert anhören, aber Sie werden sehen, es macht viel Spaß, Ihren Zwerghamster kulinarisch zu „verwöhnen".

Dinge wie z. B. Schokolade, Kekse oder Bonbons gehören natürlich nicht in den Magen eines Zwerghamsters! Dies sollten Sie besonders Kindern erklären, wenn sie einen Hamster versorgen möchten. Und wenn Sie sich nicht sicher sind, ob etwas möglicherweise ungesund für Ihren Zwerghamster sein könnte, gehen Sie auf Nummer sicher und verfüttern Sie es nicht! Achten Sie zudem bei allen Futtersorten, die Sie kaufen, auf das Verfallsdatum! Besonders Pellets verlieren nach kurzer Zeit an Qualität.

TIPP

Achten Sie darauf, dass Sie einen Salzleckstein für Ihren Zwerghamster im Gehege anbringen. Eine zusätzliche Versorgung Ihres Hamsters mit Salz ist wichtig, da die hauptsächlich vegetarische Nahrung der Zwerghamster einen geringen Salzgehalt hat.

DIE BASIS - DAS TROCKENFUTTER

Da Zwerghamster Steppen-, Halbwüsten- und Wüstenbewohner sind, stellen trockene Pflanzenteile bzw. Samen den Hauptbestandteil der Nahrung. Bei der Heimtierhaltung ersetzt das Trockenfutter diese Art von Nahrung.

Der Zoofachhandel bietet seit kurzer Zeit spezielles Zwerghamsterfutter an, das vor allem aus Kleinsämereien besteht. Diese Zusammensetzung ist sehr wichtig, da Zwerghamster auch in der Natur vor allem kleinere Pflanzensamen fressen. Zudem fördert diese Futtermischung natürlich auch die Beschäftigung der Tiere: Es müssen viel mehr Samen gesammelt und „geknackt" werden, um die gleiche Futtermenge aufzunehmen wie beispielsweise bei herkömmlichem Goldhamsterfutter.

Es ist aber nicht sehr abwechslungsreich, immer die gleiche Futtermischung anzubieten. Sie sollten also das Futter für Ihren Zwerghamster selbst zusammenstellen und mischen. In vielen Tier- und/oder Futtermittelhandlungen können Sie die einzelnen Zutaten dafür kaufen. Hier werden die verschiedenen Bestandteile einzeln angeboten. Sie können die Menge entweder selbst abwiegen oder fertig abgefüllte Päckchen kaufen. Ein selbst zusammengestelltes Futter ist nicht nur abwechslungsreicher, sondern in den meisten Fällen auch günstiger.

Welche Zutaten kommen nun in Frage? Hier eine kleine Auswahl von möglichen und meist erhältlichen Trockenfutterbestandteilen:

- Kleine Pellets
- Erbsen
- Wellensittichfutter (v. a. Hirse)
- Exotenfutter (u. a. Glanz, Hanfsamen, Spitzsaat, Haferkörner, Mohn, Grassamen)
- Paddy-Reis (ungeschälter Reis)
- Weizen
- Roggen
- Hafer
- Mais

Fetthaltigere Futtersorten:

- Sonnenblumenkerne
- Erdnüsse
- Linsen
- Haselnüsse (geschält)

Bei Pellets sind die Inhaltsstoffe und deren Mengen bekannt, und Sie können sich bei Ihrem Futterhändler darüber informieren. Häufig sind die Inhaltsstoffe auch auf den Verpackungen angegeben.

Schauen Sie sich auch in Ihrer Küche um. Hier finden Sie einiges, das auch Ihrem Zwerghamster schmeckt. Mit diesen Zutaten können Sie den Zwerghamster-Speiseplan – gelegentlich – bereichern:

- Zwieback
- Knäckebrot
- Trockenes Brot (ohne Schimmel!)
- Cornflakes (natur)
- Müsli (ohne Zucker und Schokolade)
- trockene Nudeln
- gekochter Reis
- Haferflocken

Sie können Ihrem Zwerghamster auch Rosinen (als Leckerchen) anbieten, aber bitte sehr sparsam. Klebriges Futter wie z. B. Rosinen oder Backpflaumen kann, wenn der Hamster zu viel davon aufnimmt, die Backentaschen verkleben.

Sie sollten nicht nur darauf achten, dass eine bestimmte Komponente in Ihrer Futtermischung vorhanden ist, sondern auch, wie viel davon sie enthält. Gerade mit den fetthaltigen Samen oder Nüssen wie Erdnüssen, Linsen, Rosinen und Sonnenblumenkernen müssen Sie sparsam sein. Diese Bestandteile schmecken den Zwerghamstern verständlicherweise sehr gut, bei zu häufigem Genuss verfetten die Hamster jedoch rasch. Besonders Dshungarische Zwerghamster neigen dazu. Sonnenblumenkerne sind geschält und ungeschält im Handel erhältlich. Entscheiden Sie sich für Ungeschälte, dann hat der Zwerghamster wenigstens noch etwas damit zu tun, an den leckeren Inhalt zu gelangen.

Haben sie mal gekochte Kartoffeln, Reis oder Nudeln übrig, können Sie auch hiervon Ihrem Zwerghamster etwas anbieten. Natürlich ohne Saucen oder Salz.

Das Verfüttern von trockenem Brot u. Ä. ist wichtig für Zwerghamster. Da es sich um Nagetiere handelt, wachsen ihre Schneidezähne ihr Leben lang nach. Und um diese Zähne abzuschleifen, benötigen auch die Zwerghamster Nagematerial und hartes Futter. Auch Hundekuchen erfüllen diesen Zweck und liefern zusätzlich tierisches Eiweiß (s. unten). Sie sollten natürlich auch einiges an Nagematerial, z. B. Äste, in den Käfig legen.

Gutes Heu darf im Gehege nicht fehlen. Es wird nicht nur angefressen, sondern viel häufiger zum Auspolstern der Schlafhöhle verwendet. Das Knabbern am Heu sorgt ebenfalls für die Abnutzung der Schneidezähne.

TIERISCHE NAHRUNG

Wie eingangs erwähnt, benötigen Zwerghamster auch tierisches Eiweiß. Der Anteil an Eiweiß im Futter frei lebender Zwerghamster ist recht hoch. Daher sollte auch bei der täglichen Ernährung der Tiere in Menschenhand ein Proteingehalt von etwa 18 % erreicht werden. Das ist besonders bei trächtigen und säugenden Weibchen wichtig, da ihr Verbrauch an Proteinen wesentlich höher ist. Sollte jedoch nicht genügend tierisches Eiweiß im Futter vorhanden sein, kann es passieren, dass die Mutter ihre Babys auffrisst, um den Mangel an tierischem Eiweiß wieder auszugleichen.

Um den Bedarf an tierischem Eiweiß zu decken, versorgen Sie Ihren Hamster regelmäßig mit Insekten oder Produkten aus dem Supermarkt (z. B. Quark; s. unten). Da Mehlwürmer, Grillen, Heimchen und Heuschrecken als Reptilienfutter Verwendung finden und hierfür gezüchtet werden, sind sie häufig in Zoohandlungen zu bekommen, fertig abgepackt in kleinen Dosen. Von der Verwendung von Heimchen ist jedoch abzuraten, da sie sich praktisch von allem ernähren können, was sich in Ihrer Wohnung befindet und – im Falle einer gelungenen Flucht – noch lange Zeit als Ungeziefer ihr Unwesen treiben können. Grillen und Heuschrecken sind dagegen sehr gut geeignet. Werden die Insekten lebend ins Gehege gesetzt, können Sie eine echte Jagd erleben. Sie werden sich wundern, wie schnell ein Zwerghamster sein kann! Sie selbst sollten übrigens besser nicht auf Jagd gehen, um Ihrem Hamster Insekten zu fangen: Viele einheimische Insekten stehen unter Naturschutz.

Mehlwürmer sind in Wirklichkeit gar keine Würmer, sondern die Larven des Mehlkäfers. Sie sind wahre Leckerbissen für jeden Zwerghamster. Auch die fertigen Käfer werden von den Hamstern verspeist. Es ist nicht schwierig, die Mehlwürmer für einige Zeit zu versorgen. Hältert man diese Futtertiere zu Hause, ist immer ein Leckerbissen für Ihren Zwerghamster zur Hand. Sie können die Mehlwürmer mit Haferflocken und Salat füttern. Genaue Zuchtanleitungen für Mehlwürmer finden Sie in der weiterführenden Literatur. Zwerghamster werden bei übermäßigem Genuss von Mehlwürmern zu dick, seien Sie hier also besonders sparsam.

Insekten sind eine gute Eiweißquelle.
Foto: C. Ehrlich

Auch Katzen- oder Hundefutter, sowohl feuchtes als auch trockenes, kann den Zwerghamstern angeboten werden. Das trockene Katzen- oder Hundefutter kann direkt in die Trockenfuttermischung gegeben werden. Bei feuchtem Futter sollten Sie darauf achten, dass es nicht zu grob ist – am besten zerkleinern Sie es vor dem Verfüttern noch zusätzlich mit einer Gabel.

TIPP

Es hat sich gezeigt, dass fischhaltige Katzentrockenfutter-Sorten nicht so gern angenommen werden, Sorten mit Huhn oder Rind sind bei Zwerghamstern beliebter.

Geeignete Fertigprodukte aus der Küche für die Eiweißernährung von Zwerghamstern sind Magerquark, Hüttenkäse, Joghurt (natur) und gekochte Eier. Sie können in kleinen Futterschälchen angeboten werden. Von gekochtem Ei werden nur kleine Stückchen verfüttert. Auch mageres Hackfleisch (ungewürzt) wird von Zwerghamstern gern angenommen. Geben Sie Ihrem Hamster jedoch auch hiervon nur kleine Häppchen.

Reste dieser rasch verderblichen Futtersorten müssen spätestens am nächsten Tag aus dem Gehege entfernt werden. Untersuchen Sie auch die heimlichen Futterverstecke Ihrer Pfleglinge. Hier verdirbt das Futter sonst unbemerkt und kann später Auslöser für Krankheiten sein.

TIPP

Des Weiteren eignet sich übrigens Beofutter sehr gut, um den Speiseplan ihres kleinen Hausgenossen aufzupeppen. In diesem Fertigfutter sind bereits kleine Insekten sowie getrocknete Früchte enthalten, und es ist gut haltbar. Das Beofutter kann über die Trockenfuttermischung gegeben oder extra angeboten werden.

Äpfel gehören ebenfalls zum Frischfutter-Repertoire.
Foto: C. Ehrlich

FRISCHFUTTER

Unter Frischfutter, auch Grün- oder Saftfutter genannt, verstehen wir Obst, Gemüse und diverse Pflanzen. Der Supermarkt oder der Wochenmarkt bieten eine ganze Menge an geeigneten Frischfuttersorten an. Auch im Garten oder auf anderen Grünflächen findet sich eine Fülle von Zwerghamsterleckereien. Sie sollten jedoch darauf achten, dass sich in der Nähe der Pflanzen, die Sie als Futter verwenden möchten, nicht gerade eine Straße befindet. Pflanzen, die ständig den Abgasen ausgesetzt sind, haben einen zu hohen Schadstoffgehalt. Auch von Pflanzen, die auf Hundewiesen wachsen, ist abzuraten. Achten Sie außerdem auf Vogelkot! Dieser kann nach dem Verzehr bei Ihrem Pflegling gesundheitsschädliche Folgen haben.

Wegen der Spritzmittel müssen Obst und Gemüse vor dem Verfüttern sorgfältig abgewaschen werden. Falls Sie Ihr Frischfutter im Kühlschrank aufbewahren, sollten Sie es auf keinen Fall kalt verfüttern. Es muss sich zunächst auf Zimmertemperatur erwärmen. Ansonsten könnte es zu Magen- und Darmproblemen kommen. Das Futter muss außerdem trocken angeboten werden, sollte also nicht mehr vom Waschen nass sein.

TIPP

Vielleicht haben Sie ja einen Garten oder Balkon – dort können Sie einige Pflanzen kultivieren, die für Ihren Zwerghamster schmackhaft sind. Und hier können Sie sicher sein, dass die Pflanzen relativ schadstoffarm und von guter Qualität sind.

Die folgenden Frischfuttersorten habe ich erfolgreich verfüttert:

Obst:
- Äpfel
- Erdbeeren
- Birnen
- Weintrauben
- Pflaumen
- Bananen
- Melonen
- Avokados

Gemüse:
- Schlangengurken
- Zucchini
- Möhren
- Mais (am Kolben, lose oder aus der Dose)
- Diverse Salate (Kopf-, Eisberg-, Feldsalat usw.)
- Speisekürbis
- Chicorèe
- Tomate (ohne Grün)
- Kartoffeln (gekocht)
- Paprika
- Brokkoli
- Sellerie

Sonstige Pflanzen:
- Löwenzahn
- Vogelmiere
- Petersilie
- Schnittlauch
- Brunnenkresse
- Klee
- Spitzwegerich
- Hirtentäschel
- Sauerampfer
- Süßgräser

Petersilie wird von Zwerghamstern sehr gerne gefressen. Küchenkräuter, die sehr aromatisch sind (z. B. Basilikum), werden nicht gerne angenommen. Man kann beobachten, wie der Zwerghamster zunächst gierig am Basilikum knabbert, um aber gleich wieder damit aufzuhören, um Mund und Nase zu putzen. Zitrusfrüchte werden ebenfalls nur selten angerührt. Sie sind außerdem sehr säurehaltig und passen von allen Fruchtsorten am wenigsten in das Nahrungsspektrum der Zwerghamster. Ich rate daher davon ab, Zitrusfrüchte zu verfüttern.

MÜSSEN ZWERGHAMSTER TRINKEN?

Dies ist eine sehr häufig gestellte Frage, und es gibt hierzu die unterschiedlichsten Antworten. Meine ist: Wenn Zwerghamster täglich ausreichend Frischfutter bekommen, müssen sie nicht trinken. Dies gilt auch für viele andere Nagetierarten. Die Tiere können die benötigte Menge an Wasser aus dem Frischfutter (Futterpflanzen, Obst, Gemüse) gewinnen. Gerade bei Wüstentieren ist safthaltiges Futter häufig die einzige Wasserquelle. Bei Roborowski-Zwerghamstern kann man beobachten, dass sie beinahe nie an frisches Wasser gehen. Frischfutter wird wesentlich lieber angenommen. Auch die Dshungarischen und die Campbell-Zwerghamster sind nachweislich sehr gut in der Lage, ihren Urin zu konzentrieren, um so mit dem geringen Wasserangebot zu haushalten. Eine kleine Ausnahme bilden hier die Mausartigen Zwerghamster, die einen relativ hohen Flüssigkeitsbedarf haben. Es wurde gemessen, dass ein Tier, das bei Zimmertemperatur gehalten wird, etwa 1 cl Flüssigkeit am Tag benötigt; säugende Weibchen haben einen noch höheren Bedarf (1,5 cl).

Ich pflege meine übrigen Zwerghamster seit Jahren, ohne ihnen Frischwasser anzubieten. Dies hat sich bislang nie als nachteilig erwiesen. Ganz im Gegenteil: Durch die tägliche Gabe der verschiedensten Frischfuttersorten erhalten die Tiere wesentlich mehr Vitamine und andere lebenswichtige Stoffe, die sie sonst – wenn überhaupt – nur aus Vitaminpräparaten erhalten würden. Und die Fütterung ist abwechslungsreich, da einige Pflanzen, Obst- und/oder Gemüsesorten nur saisonbedingt erhältlich sind.

Trinknäpfe werden von den Zwerghamstern schnell verschmutzt. Foto: S. Honigs

Wassernäpfe oder -flaschen haben außerdem viele Nachteile, die oben bereits beschrieben wurden. Zudem können sich in nicht regelmäßig oder ausreichend gereinigten Wassernäpfen gesundheitsschädliche Mengen an Bakterien ansammeln. Besonders anfällig hierfür sind die Wasserflaschen, da sie kaum ausreichend zu reinigen sind. Des Weiteren gibt der Gummistopfen, der die meisten Flaschen abdichtet, einen unangenehmen Gummigeschmack an das Wasser ab. Wasserflaschen tropfen zudem sehr häufig und befeuchten somit ungewollt die Umgebung. Ein weiterer Nachteil von Wasserflaschen ist, dass sie für kleine Hamsterbabys oft nicht erreichbar sind. Und Wassernäpfe können sich als böse Falle für junge Hamster herausstellen: Sie können in zu tiefen Näpfen ertrinken.

Zwerghamstern kann natürlich dennoch frisches Trinkwasser angeboten werden. Es schadet nicht, solange Hygienemaßnahmen wie das tägliche Erneuern des Trinkwassers und die Reinigung des Wassernapfes oder -fläschchens beachtet werden. Besonders während der Fortpflanzungszeit kann der Halter das trächtige oder bereits säugende Weibchen durch die Gabe von Frischwasser unterstützen. Und während der Urlaubszeit sind Trinkflaschen, sofern sie dicht sind, für den Bekannten, der nun die Heimtiere versorgt, eine gewisse Arbeitserleichterung.

VORSICHT GIFT!

Nicht alles, was dem Menschen lecker erscheint, darf Zwerghamstern gegeben werden. Verzichten Sie besser darauf, Walnüsse oder Mandeln zu verfüttern, da sie giftige Blausäure enthalten. Kartoffeln sollten vor dem Verfüttern gut unter die Lupe genommen werden: Alle „Augen" müssen entfernt werden, da sie das giftige Solanin enthalten. Sie können auf Nummer sicher gehen, wenn Sie die Kartoffeln abkochen. Auch das Grün der Tomatenpflanze darf nicht verfüttert werden.

Achten Sie beim Pflücken von Pflanzen darauf, dass Sie keine für Ihre Zwerghamster giftigen Pflanzen erwischen.

Wenn Sie Ihrem Zwerghamster Zweige zum Nagen anbieten, müssen Sie auch hier auf die Sorte des verwendeten Holzes achten. Holz von Obstbäumen ist sehr gut geeignet und kann, sofern es nicht gespritzt ist, ohne Bedenken verwendet werden. Ebenso das von Weiden und Birken. Beachten Sie, dass z. B. Holunder, Robinie und Eibe giftig sind. Verwenden Sie kein Nadelholz. Besonders auf das Zedernöl im Zedernholz reagieren Zwerghamster sehr empfindlich. Generell wirkt das Harz von Nadelbäumen auf Zwerghamster eher abstoßend und kann gefährlich sein.

Natürlich sind auch viele Zimmerpflanzen giftig für Zwerghamster, eine Liste finden Sie im Kapitel „Ausbruchskünstler".

BESCHÄFTIGUNG DURCH FÜTTERUNG

Es sollte jedem Halter eines Heimtieres daran gelegen sein, dass sich sein Tier nicht langweilt. Auch Ihr Zwerghamster macht da keine Ausnahme. Langeweile ist nie gesund, weder für Mensch noch Tier. Durch das sog. „behavioural enrichment", also eine verhaltensbezogene Reizanreicherung des Alltags der Tiere, machen Sie es Ihrem Hamster leichter, sich in menschlicher Obhut wohl zu fühlen und gesund zu bleiben.

Dies fängt schon bei einer abwechslungsreichen Fütterung an. Außerdem können Sie durch die Art und Weise, wie Sie das Futter anbieten, viel erreichen!

Hier nur einige Anregungen, wie Sie schon bei der Fütterung gegen Langeweile angehen können. Lassen Sie Ihrer Phantasie freien Lauf...

Ein Stück Maiskolben ist eine willkommene Abwechslung für Ihren Zwerghamster. Er ist außerdem sehr lange damit beschäftigt, die Maiskörner vom Kolben abzunagen. Falls Sie Maiskolben, nach Absprache mit dem entsprechenden Landwirt, vom Feld holen, sollten Sie auch hier sicher sein, dass nicht gespritzt wurde. Lassen Sie einfach mal die Hüllblätter am Kolben, Ihr Hamster wird sich schon seinen Weg zu den Maiskörnern freinagen.

Kolbenhirse ist auch sehr gut dazu geeignet, unsere kleinen Kerlchen zu beschäftigen. Sie können noch einen zusätzlichen Schwierigkeitsgrad beim Verfüttern der Kolbenhirse einbauen, indem Sie diese so aufhängen, dass es schwieriger für Ihren Zwerghamster wird, sie zu erreichen. Ihr Zwerghamster ist dann eine Weile damit beschäftigt, die Hirse abzuknabbern. Ähnlich können Sie auch mit den meisten Frischfuttersorten verfahren: Bringen Sie kleine Stückchen Apfel, Gurke oder Ähnliches einfach mal an einem etwas schwieriger zu erreichenden Platz im Gehege an. Besonders bei den klettergewandten Chinesischen Streifenhamstern ist es sehr interessant zu beobachten, wie die kleinen Artisten an schwer zu erreichendes Futter gelangen.

Sie können Ihrem Zwerghamster hin und wieder ungeschälte Erdnüsse geben. Knacken Sie die Schale jedoch an, sodass es nicht zu schwer wird, an den Inhalt heranzukommen. Die Tiere haben eine ganze Weile damit zu tun, die Nüsschen aus der Schale zu holen.

TIPP

Verteilen Sie das Trockenfutter einfach lose im ganzen Gehege, ohne es in einem Futternapf anzubieten! In der Natur liegt das Futter auch nicht auf einer Stelle. Die Zwerghamster können dann auf Futtersuche gehen.

Auch Kolbenhirse sorgt für Beschäftigung. Foto: C. Ehrlich

WIE VIEL, WIE OFT UND WANN?

Es ist schwierig, genaue Angaben zu liefern, wie viel Trocken- und Frischfutter Ihr Zwerghamster täglich benötigt. Dies ist unter den Zwerghamstern auch individuell verschieden. Sie sollten Ihrem Zwerghamster etwa 4–7 g Trockenfutter pro Tag (pro Tier) anbieten. Experimentieren Sie ein wenig und finden Sie heraus, wie viel Ihr Zwerghamster benötigt.

Kontrollieren Sie jeweils am Tag nach der Fütterung, ob es für einen Tag zu viel oder zu wenig war. Doch bedenken Sie, dass auch Zwerghamster ihr Futter in Backentaschen davontragen können, um es an geeigneter Stelle zu horten. Ich rate immer, abwechselnd viel und wenig zu füttern, die Zwerghamster haben ja noch einen Vorrat, und der soll auch gefressen werden.

Sofern Ihre Trockenfuttermischung bereits trockenes Katzen- oder Hundefutter enthält, genügt es Ihren Zwerghamstern, zwei- bis dreimal in der Woche ein weiteres Eiweißfutter (z. B. Joghurt) anzubieten. Enthält das tägliche Trockenfutter keine Proteinquelle, so sollte mindestens alle zwei Tage Eiweißfutter auf dem Speiseplan stehen. Trächtigen Weibchen wird sogar täglich oder alle zwei Tage noch zusätzliches Eiweißfutter angeboten.

Wenn Sie auf die Gabe von Trinkwasser verzichten, dürfen Sie die tägliche Frischfuttergabe nicht vergessen. Auch hier können Sie einfach einmal ausprobieren, wie viel die Tiere benötigen. Erhalten die Tiere kein Wasser, gilt: Lieber zu viel als zu wenig! Eine kleine Hilfe zu Orientierung: Zwei Zwerghamster benötigen pro Tag entweder eine sehr große Erdbeere, eine Schlangengurkenscheibe von 1 cm Dicke oder ein Achtel eines mittelgroßen Apfels.

Bei einigen Gemüsesorten sollten Sie nur wenig geben: Blattsalate und Kohl können bei Zwerghamstern beispielsweise Durchfall verursachen, wenn sie zu viel davon bekommen. Es wird berichtet, dass frischer Mais im Übermaß Juckreiz und trockene Haut hervorrufen kann.

Zwerghamster sind zwar auch häufig am Tag unterwegs, es sind jedoch trotzdem grundsätzlich dämmerungs- und nachtaktive Tiere, daher ist eine Fütterung in den frühen Abendstunden zu empfehlen!

Der gesunde Zwerghamster

Hygiene und Zoonosen

Bei der Heimtierhaltung muss unbedingt auf Hygiene geachtet werden. Da die Möglichkeit nicht auszuschließen ist, dass vom Zwerghamster Krankheiten auf den Menschen übertragen werden (so genannte Zoonosen), ist es sehr wichtig, gewisse hygienische Maßnahmen zu beachten. Sonst können z. B. Salmonellen, Pilze und Milben vom Hamster übertragen werden. Gerade wenn Kinder das Haustier versorgen, muss ihnen unbedingt erklärt werden, dass sie sich nach jedem körperlichen Kontakt mit ihrem Zwerghamster und/oder seiner Behausung die Hände waschen müssen – dies gilt natürlich auch für Erwachsene.

Aber auch das Gehege des Zwerghamsters muss regelmäßig etwa alle zwei Monate gründlich gereinigt werden. Hierzu sollte es mit heißem Wasser ausgespült werden. Von der Verwendung scharfer Reinigungsmittel ist allerdings abzuraten, da evtl. Rückstände und Gerüche schädlich für unsere Zwerghamster sein können. Verwenden Sie stattdessen Essig, biologische Reinigungsmittel oder einfach nur heißes Wasser.

Vorbeugen

Vorbeugen ist besser als heilen! Da viele Krankheiten, die ein Zwerghamster bekommen kann, leider häufig schnell tödlich enden, gilt dies hier in besonderem Maße. Falls Sie feststellen, dass es Ihrem Zwerghamster gesundheitlich schlecht geht und Sie nicht wissen, was Ihm fehlt, müssen Sie umgehend den Tierarzt aufsuchen!

Tipp

Es kommt nicht selten vor, dass ganz normale Erscheinungen als Krankheiten missverstanden werden. Jeder Halter eines Zwerghamsters sollte daher Grundlegendes über den Körperbau, das Verhalten und die Fortpflanzungsbiologie seines Hamsters wissen, um nicht auf derartige Missverständnisse „hereinzufallen".

Zu den häufig vom Halter fehlinterpretierten Verhaltensweisen gehört die Abwehr- bzw. Verteidigungsstellung der Zwerghamster. Besonders die Dshungarischen und die Campbell-Zwerghamster werfen sich auf den Rücken und beginnen zu quietschen, wenn sie sich angegriffen fühlen. Verwechseln Sie dieses Verhalten nicht mit Krämpfen oder anderen Anfällen.

Zu weiteren Missverständnissen tragen besonders die gefüllten Backentaschen sowie die Bauchdrüsen bei, mit denen der Zwerghamster seine Umgebung markiert. Die männlichen Chinesischen Streifenhamster verfügen über auffällig große Hoden, die von Laien des Öfteren für ein Geschwür gehalten werden. Der Urin unserer Zwerghamster ist gelb und dickflüssig, er kann vom unwissenden Halter mit einer eitrigen Flüssigkeit verwechselt werden. Schauen Sie sich also Ihren Zwerghamster zunächst eingehend an und beschäftigen Sie sich frühzeitig mit seiner Biologie, dann kann Ihnen ein unnötiger Tierarztbesuch erspart bleiben.

Unter Zuhilfenahme der folgenden Liste sollte es Ihnen möglich sein, nachteilige Veränderungen bei Ihrem Zwerghamster zu erkennen und entsprechend zu reagieren.

Der Gesundheits-Check

Augen

- Augenlider vollständig geöffnet
- Augen klar, glänzend und ohne Trübung
- Augenumgebung trocken
- Keine Verkrustungen

Nase und Ohren

- Jeweils trocken und sauber
- Kein Schnaufen oder ähnliche Geräusche

Maul

Beobachten Sie, ob Ihr Hamster wie gewohnt Nahrung aufnimmt und nagt. Ist dies nicht der Fall, können Sie mit etwas Übung versuchen, Ihrem Zwerghamster das Maul ein Stück zu öffnen, um sich die Nagezähne zu betrachten. Da diese ein Zwerghamsterleben lang wachsen, müssen sie durch Nagen regelmäßig abgenutzt werden. Liegt jedoch eine Schiefstellung der Zähne vor, können sich diese nicht mehr gegenseitig abschleifen. Die Zähne wachsen nun „unendlich" weiter und können sogar in den Gaumen einwachsen. Dies bringt dem Zwerghamster natürlich schlimme Schmerzen und Entzündungen. Sind Sie selbst nicht in der Lage, sich die Zähne des Zwerghamsters genauer anzuschauen, sind Sie gut beraten, den Tierarzt aufzusuchen.

- Zähne sind gut gewachsen
- das Maul ist sauber
- Achten Sie darauf, dass die Backentaschen und die Zunge unauffällig sind

Fell und Haut
- sauber
- trocken
- Behaarung ist durchgängig und weist keinerlei Unregelmäßigkeiten auf
- Ektoparasiten (Milben, Läuse etc.) sind nicht zu sehen
- Haarausfall ist nicht zu beobachten

Im Sommer kann es vorkommen, dass das Fell der Zwerghamster etwas strähniger und feucht wirkt – besonders dann, wenn mehrere Zwerghamster zusammen in einem Häuschen geschlafen haben. Dies ist normal, da auch unsere Zwerghamster bei erhöhter Umgebungstemperatur mehr schwitzen – es besteht dann kein Grund zur Besorgnis.

Genital- und Analbereich
- der Bereich ist vollständig trocken (kein Ausfluss)
- keine Kotreste
- kein Blut

Bewegung/Verhalten
Das Verhalten Ihres Zwerghamsters gibt häufig Hinweise auf eine Erkrankung. Wenn sich Ihr Zwerghamster nicht so verhält, wie Sie es von ihm gewohnt sind, sollten Sie sich das Tier eine Weile anschauen und beobachten, ob es evtl. falscher Alarm war oder doch ein Grund zur näheren Untersuchung besteht.

Beobachten Sie das Verhalten des Hamsters:
- Der Hamster sollte sich wie gewohnt bewegen
- Frisst der Zwerghamster?
- Ist der Zwerghamster aktiv oder liegt er nur auf einer Stelle?
- Vertragen sich die Tiere innerhalb der Gruppe?
- Humpelt der Hamster?
- Ist der Hamster schlapp und schläft er nur?
- Beißt Sie Ihr sonst zahmer Zwerghamster plötzlich?

Sollten Sie derartig gravierende Verhaltensänderungen bei Ihrem Zwerghamster beobachten, müssen Sie versuchen der Ursache für die jeweilige Verhaltensänderung auf den Grund zu gehen. Sind z. B. die Bewegungen Ihres Tieres nicht normal, d. h. es humpelt oder zieht ein Bein nach, liegt wahrscheinlich eine Verletzung der Gliedmaßen vor. Der Zwerghamster sollte dann einem Tierarzt vorgestellt werden. Gleiches gilt für ungewohnte Trägheit und Appetitlosigkeit Ihres Zwerghamsters. Falls sich das Verhalten der Tiere untereinander geändert hat, ist die Ursache in der Gruppenstruktur zu suchen, wahrscheinlich liegen keine gesundheitlichen Probleme vor. Prüfen Sie, ob die Zwerghamster gut zusammenpassen. Werden Sie plötzlich von Ihrem Zwerghamster gebissen, fühlt er sich eventuell durch etwas gestört. Suchen Sie die Ursache zunächst bei sich.

EINIGE KRANKHEITEN DER ZWERGHAMSTER

An dieser Stelle sollen nur die häufigsten Krankheiten der Zwerghamster erläutert werden. Sollten Sie sich unsicher sein, rufen Sie einen Tierarzt an bzw. stellen Sie ihm Ihr Tier vor und fragen Sie um Rat.

Verstopfung oder Verletzung der Backentaschen/ Backentaschenvorfall
Probleme mit den Backentaschen waren bislang bei Zwerghamstern eher selten zu beobachten, kommen jedoch gelegentlich vor und sollten daher hier Erwähnung finden. Sehr klebriges Futter, wie Rosinen, Backpflaumen, aber auch Schokolade und Bonbons können, wenn sie in großen Mengen verfüttert werden, die Backentaschen verkleben. (Schokolade und Bonbons sollten allerdings ohnehin niemals gereicht werden.) Der Zwerghamster kann in einem solchen Fall die Backentaschen nicht mehr zum Transport seines Futters verwenden und sitzt auffällig lange am Futternapf, um dort zu fressen. Die Backentaschen können auch durch ungeeignetes Futter verletzt werden, z. B. durch spitze Körner. Die verletzten Backentaschen schwellen an und können sich entzünden. Der Zwerghamster hat nun dicke Backentaschen, die er nicht entleeren kann. Auf Dauer hat der Hamster Schmerzen. Bringen Sie den Patienten unbedingt zum Tierarzt. Dieser muss die Backentaschen umstülpen und das darin enthaltene Material herausholen. Der Tierarzt entscheidet über die weitere Vorgehensweise und weist Sie in evtl. Pflegemaßnahmen ein.

Beim Backentaschenvorfall stülpt sich meistens nur eine der beiden Backentaschen um und quillt im Mundwinkel aus dem Maul. Ein derartiger Vorfall muss rasch vom Tierarzt behoben werden.

Erkältung
Wenn Ihrem Hamster die Nase läuft, er hörbar schnieft oder sogar niest, hat er offensichtlich eine Erkältung. Dieses Tier kann sich bei einem neuen Artgenossen angesteckt oder sich durch Zugluft und/oder zu kalte (v. a. feucht-kalte) Raumtemperatur erkältet haben. Bringen Sie den Hamster in einen wärmeren Raum, sorgen Sie für gutes Futter

Klare Augen, glänzendes Fell – dann geht es den Zwerghamstern gut. Foto: C. Ehrlich

und ausreichend Wasser. Die Erkältung sollte sich nach einem Tag gebessert haben, ansonsten ist ein Tierarzt aufzusuchen.

Durchfall

Hat Ihr Zwerghamster einen breiigen bis flüssigen Kot, leidet er an Durchfall. Die Ursache für den Durchfall Ihres Zwerghamsters kann ganz harmlos sein. Das Verfüttern von nassem Grünfutter, feuchtem Heu, aber auch Unterkühlung oder Zugluft können Ursachen sein, die sich leicht abstellen lassen. Sollte Ihr Hamster jedoch, nachdem Sie die möglichen Ursachen beseitigt haben, keine Verbesserung zeigen, muss einen Tag nach Auftreten des Durchfalls der Tierarzt prüfen, ob der Durchfall behandelt werden muss, oder ob zusätzlich eine andere Erkrankung vorliegt. Nur der Tierarzt kann feststellen, ob es sich um die „Wet-Tail-Disease" (Nassschwanzkrankheit) handeln könnte. Diese Krankheit kann für den Zwerghamster tödlich enden. Eine medikamentöse Therapie kann jedoch versucht werden, ist aber häufig erfolglos. Da Ihr Zwerghamster durch den Durchfall viel Flüssigkeit verliert, er also dehydriert, müssen Sie versuchen, ihm ausreichend Wasser zuzuführen. Halten Sie ihm z. B. eine Nippeltränke vor das Maul, befeuchten Sie seine Schnauze oder versuchen Sie, dem Zwerghamster durch eine kleine Spritze (ohne Kanüle!) Wasser ins Maul zu geben.

Abmagerung und Appetitlosigkeit

Wenn Ihr Zwerghamster plötzlich abmagert, hat er mit großer Wahrscheinlichkeit Magen-Darm-Probleme. Versuchen Sie zunächst, dieses Problem durch die Umstellung der Fütterung in den Griff zu bekommen: Lassen Sie das Grünfutter vorübergehend weg. Falsche Fütterung mit Saftfutter ist eine häufige Ursache für derartige Probleme. Wird die Gabe von Frischfutter zeitweise eingestellt, muss den Zwerghamstern natürlich Wasser angeboten werden.

Möglicherweise hat Ihr Hamster auch unbemerkt Durchfall oder Verstopfung. Letztere tritt häufig bei Jungtieren auf. In den meisten Fällen ist Bewegungsmangel die Ursache. Gönnen Sie Ihrem Hamster einen großzügigen Auslauf in einem geeigneten Areal oder von vornherein ein ausreichend großes Gehege.

Zahnfehlstellungen können ebenfalls Ursache für eine Abmagerung sein, da der Zwerghamster dann nicht mehr richtig fressen kann (s. u.).

Überlegen Sie zudem, wie alt Ihr Hamster nun ist. Bei Zwerghamstern kommt es häufig vor, dass sie im Alter abmagern, sie bekommen einen „Messerrücken", und die Körperseiten fallen ein. Oft wirkt das Fell stumpf und verliert seinen Glanz. Der Zwerghamster ist sehr inaktiv und frisst weniger. Pflegen Sie Ihren Seniorhamster wie gewohnt und bieten Sie ihm gutes Futter an.

Zahnprobleme

Wenn Sie Ihrem Zwerghamster eine ausgewogene Kost anbieten und sich genügend Material zum Nagen im Gehege befindet, sind Zahnprobleme eher selten. Da die Schneidezähne ein Zwerghamsterleben lang wachsen, müssen sie regelmäßig abgeschliffen werden, wie schon mehrfach erwähnt. Dies geschieht zum einen durch das Nagen an hartem Material und zum anderen durch das Abschleifen am gegenüberstehenden Schneidezahn.

Es kann passieren, dass eine Zahnfehlstellung von Geburt an vorliegt und die oberen und unteren Schneidezähne nicht genau aufeinander passen, sondern aneinander vorbeigleiten. Der Hamster kann in diesem Fall nicht richtig nagen, und die Zähne schleifen sich auch nicht ab. Die Folge sind ständig länger wachsende Zähne. Diese können dann in die Backentaschen oder den Gaumen einwachsen. Dies bedeutet große Schmerzen für das Tier. Abhilfe kann jetzt nur noch der Tierarzt verschaffen, da die Zähne gekürzt und die Wunden im Mundraum versorgt werden müssen. Liegt eine angeborene Zahnfehlstellung vor, bleibt dem Halter nichts anderes übrig, als seinem Zwerghamster regelmäßig die Schneidezähne beim Tierarzt kürzen zu lassen.

Zahnfehlstellungen können jedoch auch einen älteren Hamster treffen. Nach einem kleinen Unfall

Nicht immer sind Krankheiten so gut zu erkennen wie diese Augenverletzung. Foto: Si. Honigs

kann z. B. ein Schneidezahn des Zwerghamsters abbrechen, und der gegenüberliegende kann sich hier nun nicht mehr abschleifen und wächst weiter. Bis der abgebrochene Zahn wieder nachgewachsen ist, muss der verbliebene Zahn regelmäßig kontrolliert und gekürzt werden. Aber keine Sorge, Ihr Zwerghamster kann in diesem Fall noch Nahrung aufnehmen.

Eine regelmäßige Kontrolle der Zähne ist folglich sehr wichtig.

Ektoparasiten

Wenn sich Ihr Zwerghamster unnatürlich häufig „putzt", juckt es ihn womöglich. Möglicherweise fallen dem Zwerghamster auch Haare aus. Ursache hierfür können Ektoparasiten sein. Dies sind kleine Tiere, die sich auf der Haut und im Fell der Zwerghamster aufhalten. Zu den Ektoparasiten gehören z. B. Milben und Läuse.

Nehmen Sie Ihren Zwerghamster in diesem Fall genau unter die Lupe! Untersuchen Sie sorgfältig Haut und Fell des Hamsters: Streichen Sie dem Tier hierzu gegen den Strich durch das Fell. Möglicherweise entdecken Sie die Verursacher des Juckreizes. Ist dies der Fall, bringen Sie Ihren Zwerghamster zum Tierarzt und berichten Sie von Ihrer Entdeckung. Der Tierarzt muss nun prüfen, um welche Art von Ektoparasit es sich handelt, und das entsprechende Mittel auswählen. Milben sind relativ häufig bei Zwerghamstern und können mit einem Milbenspray oder -puder bekämpft werden. Ver-

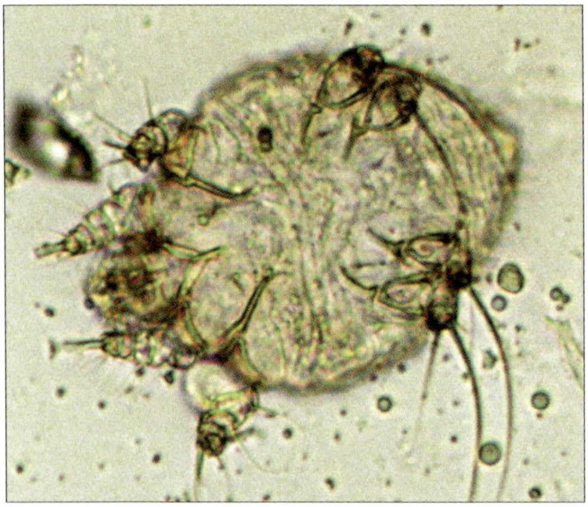

Mikroskopische Aufnahme einer Grabmilbe – ein Außenparasit, der auch bei Zwerghamstern vorkommen kann.
Foto: Prof. Dr. Michael Fehr

wenden Sie für Ihren Zwerghamster jedoch nur die von Fachleuten empfohlenen Produkte.

Läuse sind bei Zwerghamstern eher selten anzutreffen und bereiten daher kaum Probleme. Hat sich jedoch mal ein Zwerghamster Läuse eingefangen, gibt es entsprechende Kontaktgifte, um sie wieder loszuwerden.

Leben Hunde oder Katzen in der Wohnung, könnte es passieren, dass sich mal ein Hunde- oder Katzenfloh auf den Zwerghamster verirrt. Dies ist jedoch relativ unwahrscheinlich, und der Floh wird den Hamster rasch wieder verlassen.

Wie bei allen Krankheiten und Parasitosen kann dem Zwerghamster auch bei Ektoparasitenbefall am besten geholfen werden, wenn das Problem frühzeitig erkannt wird. Ein starker Befall mit Ektoparasiten kann u. a. zu Blutarmut führen! Es gibt übrigens auch Ektoparasiten, die keinen Juckreiz hervorrufen, sondern zu einer Schuppen- und Schorfbildung auf der Haut führen. Untersuchen Sie die Haut Ihres Zwerghamsters daher regelmäßig.

Wenn Sie keinen Ektoparasiten ausmachen können, lassen Sie am besten den Tierarzt gründlich suchen. Wenn dieser ebenfalls nichts findet, könnte es sein, dass Ihr Zwerghamster an einer Allergie leidet. Berichte über Allergien bei Tieren, speziell bei Zwerghamstern, häufen sich. Die Möglichkeit einer Allergie ist daher nicht auszuschließen, sollte aber auch nicht überbewertet werden. Es wurde bereits beobachtet, dass Zwerghamster auf übermäßigen Genuss von frischem Mais negativ reagieren. Einstreu aus Zedernholz soll sogar zu schwerem Haarausfall und Atemprobleme führen.

Mir persönlich ist kein derartiger Fall bekannt, und meine Zwerghamster fressen sehr gerne und ohne Probleme Mais. Möglicherweise gehen die oben genannten Berichte auf Mais zurück, der chemisch behandelt wurde.

Die Ursache für die Allergie könnten Sie nur herausfinden, indem Sie die möglichen Stoffe (Futter, Einstreu etc.) nach und nach entfernen bzw. nicht mehr verfüttern. Ihr Hamster fühlt sich in dem Moment besser, wenn das Allergen (der allergieauslösende Stoff) verschwunden ist. Zugegeben, meistens ist diese Suche sehr mühsam....

Hitzeschock

Liegt Ihr Zwerghamster regungslos wie unter Narkose in seinem Gehege, reagiert kaum auf Berührung und ist schwach, hat er möglicherweise einen Hitzeschock. Häufig zeigt der Zwerghamster dann auch eine überaus rasche Atmung. Dies kann im Sommer passieren, wenn das Zwerghamstergehege direkter Sonneneinstrahlung ausgesetzt ist. Besonders bei Aquarien und Terrarien kann ein ohnehin ungünstiger Sonnenplatz fatale Folgen haben, da sich hier die Hitze rascher staut als in Gitterkäfigen. Auch beim Transport an heißen Tagen in nicht ausreichend belüfteten Transportbehältern kann es zum Hitzeschock oder Hitzschlag beim Zwerghamster kommen. Sie müssen nun rasch handeln! Bringen Sie den Hamster sofort an einen kühlen Ort. Wenn sich der Hamster wieder aufgerappelt hat, muss er viel Flüssigkeit zu sich nehmen. Ihr Zwerghamster hat jedoch nicht nur Wasser, sondern auch Mineralstoffe verloren. Es ist daher ratsam, dem Hamster eine spezielle Elektrolytlösung zuzuführen. Diese Lösungen sind beim Tierarzt erhältlich. Mixen Sie besser keine eigene Lösung, dies kann mehr schaden, als dass es nützt. Sollte das Tier in den nächsten Tagen Folgeschäden zeigen, z. B. Taumeln, bringen Sie den Zwerghamster unbedingt zum Tierarzt!

Geschwüre, Tumoren und Abszesse

Gutartige und bösartige Tumoren können bei Zwerghamstern vorkommen. Auch Abszesse sind nicht selten. Werden unter der Haut kugelige Veränderungen entdeckt, ist nun die Frage, ob es sich um ein Geschwür, einen Abszess oder einen Tumor handelt. Dies kann jedoch nur ein Tierarzt herausfinden.

Handelt es sich lediglich um ein Geschwür, also einen Defekt der Haut oder Schleimhaut, der mit Substanzverlust verbunden ist, kann der Tierarzt versuchen, diesen zu beheben und zur Abheilung zu bringen.

Handelt es sich jedoch um einen Tumor, ist zu überlegen, ob dieser entfernt werden muss. Je nach Sitz des Tumors ist dies nicht ganz einfach und gut abzuwägen. Möglicherweise kann der Zwerghamster sehr gut mit einem Tumor leben, ohne dass er dadurch beeinträchtigt wird.

Es muss sich bei einer derartigen Veränderung auch nicht zwingend um einen Tumor oder ein Geschwür handeln. Es könnte ebenso gut eine angeschwollene Talgdrüse oder ein Abszess sein. Ein Abszess ist eine Eiteransammlung in einer Gewebshöhle. Abszesse und angeschwollene Talgdrüsen können in den meisten Fällen gut entfernt werden. Manchmal tauchen Abszesse jedoch regelmäßig wieder auf.

Geschwüre oder Tumoren, die sich in den Organen befinden, können meistens erst nach dem Tod des Tieres durch Sektion festgestellt werden.

Diabetes

Wenn der Zwerghamster unnatürlich viel Urin absetzt, ist er möglicherweise an Diabetes erkrankt. Häufig sind auch eingetrübte Augen ein Anzeichen für Diabetes. Diese Krankheit kommt häufiger bei Chinesischen Streifenhamstern und Campbell-Zwerghamstern vor. Bei den „Campbells“ zeigt sich die Krankheit ungefähr ab einem Alter von acht Monaten. Fragen Sie in diesem Fall Ihren Tierarzt um Rat.

Bisswunden

Haben Sie festgestellt, dass Ihr Zwerghamster eine oder gar mehrere Hautverletzungen hat, sollten Sie nicht nur versuchen, die Wunden zu versorgen, sondern außerdem nach der Ursache suchen. Wenn Sie Zwerghamster in Gruppen oder als Paar halten, kann es passieren, dass sich die Tiere nicht vertragen und sich gegenseitig schwere Bisswunden zufügen. Dshungarische und Campbell-Zwerghamster beißen ihrem Kontrahenten meistens in das Hinterteil und in die Genitalregion. Bisse in die Nase und die Ohren sind jedoch auch sehr häufig. Bei Chinesischen Streifenhamstern passiert es oft, dass das Weibchen das Männchen wegbeißt, wenn es trächtig ist oder bereits seine Jungen geboren hat. Dem Männchen wird dann überwiegend in die Hoden gebissen. Wurde die Bisswunde rechtzeitig entdeckt, können Sie versuchen, diese zu reinigen. Sie können hierzu ein Wattestäbchen zu Hilfe nehmen und die Wunde zunächst mit Wasser vorsichtig säubern, um sie anschließend mit einer leichten Desinfektionslösung, z. B. Betaisodona, behandeln. Beobachten Sie, ob die Wunde innerhalb weniger Tage deutlich abheilt. Falls dies nicht der Fall ist, müssen Sie mit dem verletzten Zwerghamster einen Tierarzt aufsuchen. Natürlich müssen Sie den verletzten Hamster von seinem Partner oder der Gruppe trennen und später – wenn seine Wunden wieder verheilt sind – überlegen, ob Sie ihm einen neuen Partner aussuchen. Für den einzelgängerischen Chinesischen Streifenhamster fällt diese Möglichkeit in der Regel natürlich weg.

Verletzungen

Zwerghamster können sich bei einem Sturz von hohen Gegenständen wie Tischkanten oder Stühlen schwer verletzen. Brüche der Gliedmaßen oder innere Verletzungen sind leider nicht selten. Bei einer schweren Verletzung muss unbedingt der Tierarzt aufgesucht werden, der den Hamster genauer untersuchen kann (z. B. durch Röntgen).

Genetische Defekte

Es kann vorkommen, dass ein Zwerghamster von Geburt an Defekte z. B. an den Augen hat oder ihm Gliedmassen fehlen. Ein blinder Hamster kommt meistens sehr gut zurecht. Daher ist Blindheit kein Grund, das Tier einschläfern zu lassen. Ein Leben auf nur drei Beinen wäre ebenfalls denkbar. Hier sollte jedoch der Halter gemeinsam mit einem Tier-

Die Zucht von Zwerghamstern macht Spaß. Foto: C. Ehrlich

arzt abwägen, ob dem Hamster, je nach Schwere der Behinderung, ein leidvolles Leben erspart werden sollte. Mit Tieren, die genetische Defekte aufweisen, darf natürlich nicht gezüchtet werden.

WENN DAS ENDE NAHT

Auch ein Zwerghamster lebt nicht ewig. Gerade kleine Nager, zu denen unsere Zwerghamster ja auch gehören, haben sehr häufig eine relativ kurze Lebenserwartung. Wie alt ein Zwerghamster werden kann, hängt von vielen Faktoren ab. Bei hervorragender Pflege, guter Fütterung, wenig Stress und ohne Erkrankungen kann Ihr Zwerghamster je nach Art durchaus drei Jahre alt werden. Die Mausartigen Zwerghamster können sogar noch älter werden, so erreichen die Iran-Maushamster oft sogar ein Alter von über vier Jahren. In den meisten Fällen werden die häufig gehaltenen Zwerghamster durchschnittlich jedoch nur knapp zwei Jahre alt. Dies ist leider eine Tatsache, die Sie auch Ihren Kindern erklären müssen. Viele Eltern schreckt es ab, Ihrem Kind einen Gold- oder Zwerghamster anzuschaffen, da diese Tiere nicht so alt werden. Es schmerzt schließlich immer, wenn ein Tier stirbt, sei es eine Katze, ein Hund oder ein Hamster. Aber da Ihr Kind irgendwann lernen muss, dass das Leben vergänglich ist, sollte die kurze Lebenserwartung eines Zwerghamsters kein Hinderungsgrund für die Anschaffung sein. Zumal ein Zwerghamster, wie eingangs erwähnt, ja eher für etwas ältere Kinder geeignet ist. Kinder in diesem Alter verstehen eher, warum der Zwerghamster sterben musste.

DIE ZUCHT

Wenn Sie sich dazu entschieden haben, Zwerghamster zu züchten, sollten Sie im Vorfeld für ausreichende Unterbringungsmöglichkeiten sorgen. Außerdem ist es wichtig, sich umzuhören, an wen Sie Ihre Nachzuchten abgeben können. Fragen Sie in den Zoohandlungen Ihrer Umgebung nach oder inserieren Sie in der Lokalzeitung oder Fachzeitschriften (s. „Adressen"). Wenn Sie Abnehmer für Ihre

Tiere haben, steht Ihrer Hobbyzucht nichts mehr im Wege. Wichtigste Regel dabei: Züchten Sie nur mit gesunden Tieren! Ist Ihnen daran gelegen, auf Farb- und Fellvarianten zu züchten, müssen Sie sich außerdem mit der allgemeinen Genetik auseinandersetzen.

GENETISCHE GRUNDLAGEN

Haben Sie sich dazu entschlossen, spezielle Farb- und Fellvarianten zu züchten, ist es von Vorteil, wenn Sie sich im Vorfeld mit den genetischen Grundlagen und der speziellen Genetik der Fellfarben und -typen beschäftigen. Dies ist auch deshalb empfehlenswert, damit so genannte Qualzuchten vermieden werden.

Dieses Buch wird Ihnen einen Einstig in diese Thematik vermitteln. Es sind jedoch bei weitem noch nicht alle genetischen Zusammenhänge in diesem Kontext geklärt. Da es erst in den letzten Jahren gelang, verschiedene Farb- und Fellvarianten herauszuzüchten, wird sich in diesem Bereich in der Zukunft voraussichtlich noch viel Neues tun. Es ist daher ratsam, sich regelmäßig im Internet oder Fachzeitschriften wie der RODENTIA über dieses Thema auf dem Laufenden zu halten.

Wenn Sie sich mit Farb- und Fellzuchten bei Zwerghamstern beschäftigen möchten, wird Ihre Wahl bevorzugt auf zwei der *Phodopus*-Arten fallen: Da bei Roborowski-Zwerghamstern bislang nur eine einzige Fellvariante aufgetreten ist ("Weißgesicht-Roborowski"), sind sie für ein Farbprojekt eher unattraktiv. Die Dshungarischen und die Campbell-Zwerghamster sind mittlerweile dagegen in einigen Farb- und Fellvarianten zu haben. Besonders bei den Campbell-Zwerghamstern sind in den letzten 20 Jahren sehr viele Farb- und Felltypen gezüchtet worden. Hier sind die amerikanischen und britischen Züchter besonders aktiv.

Bei den Chinesischen Streifenhamstern sind neben dem wildfarbenen Typ auch weiße (mit roten oder schwarzen Augen) und gescheckte Tiere zu bekommen. Andere Farb- oder gar Fellvarianten sind hierzulande noch unbekannt. Die ersten gefleckten Chinesischen Streifenhamster tauchten 1981 in Großbritannien auf, und das erste weiße Tier dieser Art wurde in der Schweiz gezüchtet.

Besonders bei Campbell-Zwerghamstern gibt es viele Farbvarianten. Foto: C. Ehrlich

Worum es geht

In diesem Kapitel ist es mein besonderes Anliegen, Zwerghamsterfreunden die einfacheren Grundlagen der Genetik nahe zu bringen. Wer sich mit diesem Thema bereits beschäftigt hat, weiß, dass die Genetik ein hoch komplexes und längst nicht komplett entschlüsseltes Fach ist. Sie brauchen jedoch keinen Doktor in Genetik, sondern lediglich ein wenig Grundwissen, um Zwerghamster zu züchten. Wer sich intensiver mit der Genetik beschäftigen möchte, kann sich der vielfältig erhältlichen Literatur bedienen (s. „Literatur“).

Die Fellfarbe – was ist das?

Besonders die Campbell-Zwerghamster gibt es bereits in vielen Farben. Doch kaum jemand macht sich Gedanken darüber, was Fellfarbe eigentlich ist...

Das für die Haar-, Haut- und Augenfarbe aller Säugetiere zuständige Pigment ist das Melanin. Dies kommt in zwei verschiedenen Formen, dem Eumelanin und dem Phaeomelanin, vor. Beide Formen werden in den Melanozyten (Zellen mit Melanin) aus der Aminosäure Tyrosin gebildet. Die Melanozyten sind bei Säugetieren nahe bei den Haarfollikeln lokalisiert. Es handelt sich also bei Melanin um ein körpereigenes Pigment, wohingegen die bekannten Carotinoide körperfremde Pigmente sind und über die Nahrung aufgenommen werden müssen. Das Phaomelanin ist ein rundliches Pigment,

DOMINANT-REZSSIVER ERBGANG

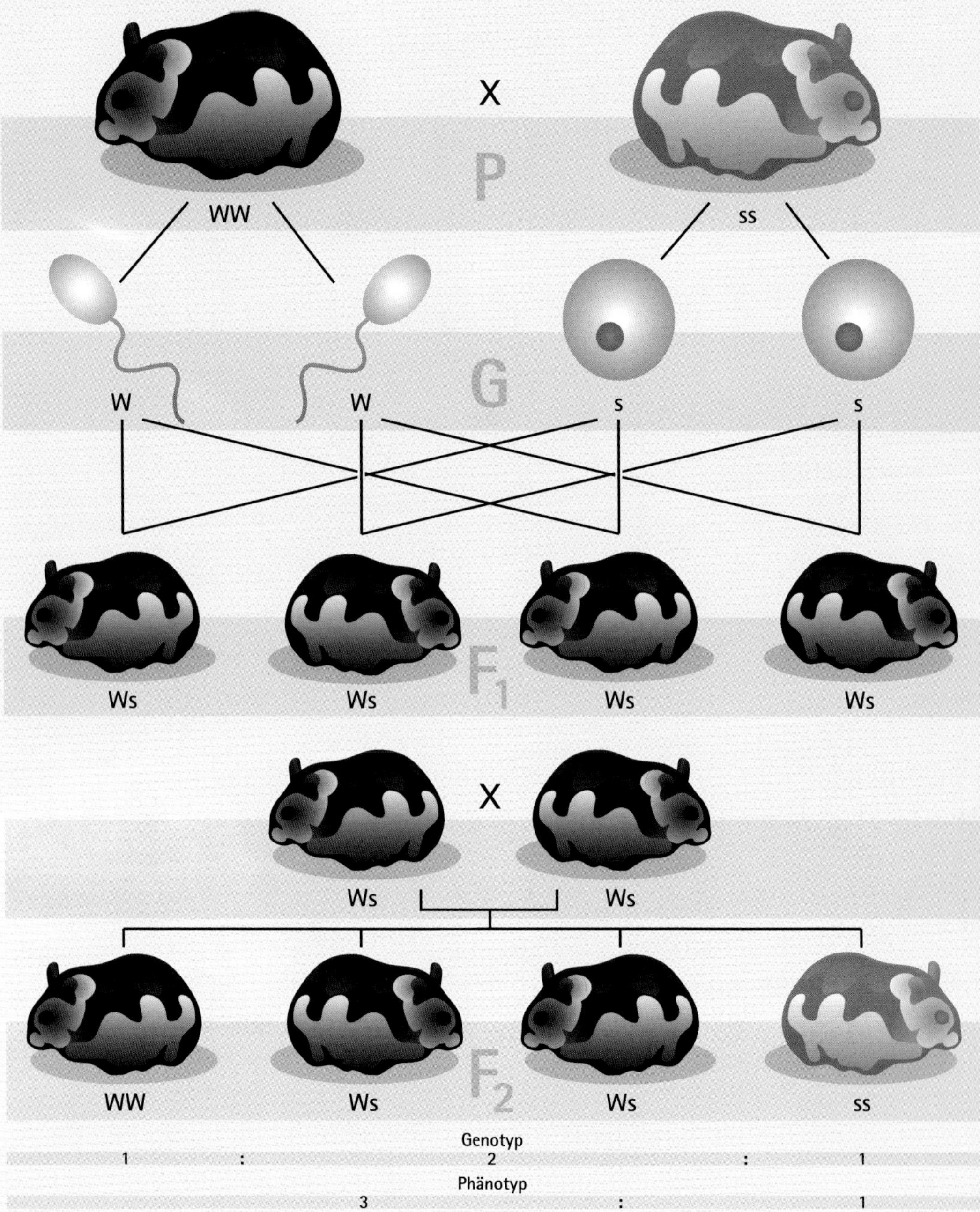

RÜCKKREUZUNG (SIEHE SEITE 66)

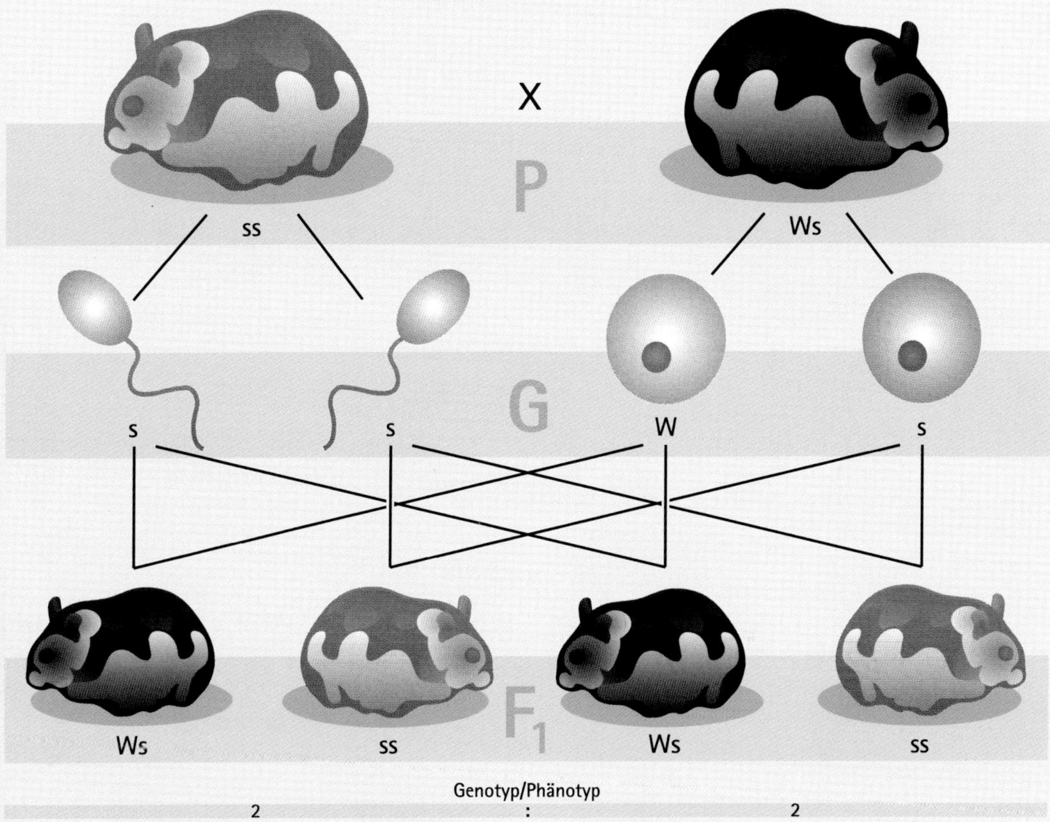

LEGENDE: DOMINANT-REZESSIVER ERBGANG

W = wildfarben
s = saphir
P = Parental-Generation (Elterngeneration)
G = Gameten (Geschlechtszellen)
F = Filial-Generation (Tochtergeneration)

F_1-Generation: alle Phänotypen zeigen die Wildfärbung

F_2-Generation: Phänotyp-Verhältnis 3 : 1
3 Phänotypen zeigen die Wildfärbung,
1 Phänotyp zeigt die Saphirfärbung

LEGENDE: RÜCKKREUZUNG

W = wildfarben
s = saphir
P = Parental-Generation (Elterngeneration)
G = Gameten (Geschlechtszellen)
F = Filial-Generation (Tochtergeneration)

Bei der Rückkreuzung zeigen die Individuen ein Phänotyp-Verhätnis von 1 : 1
2 Phänotypen zeigen die Wildfärbung,
2 Phänotypen zeigen die Saphirfärbung

das für die braune, gelbe bzw. rote Haarfarbe verantwortlich ist. Das stäbchenförmige Eumelanin färbt Haare dunkelbraun bis schwarz. Die endgültige Haarfarbe wird durch die verschiedenen Anteile dieser beiden Melanintypen bestimmt. So haben z. B. blonde Menschen wenig Eumelanin, aber viel Phaeomelanin, Rothaarige haben sehr viel Phaeomelanin und nur wenig Eumelanin, wohingegen

Menschen mit dunklen Haaren sehr viel Eumelanin und nur wenig Phaeomelanin tragen. Die verschiedenen Haarschattierungen sind also Formen, die sich zwischen diesen Zuständen befinden. Dies gilt auch für die Fellfarben der Zwerghamster. Wie viel Eumelanin oder Phaeomelanin nun ein Zwerghamster besitzt, ist genetisch festgelegt und kann durch gezielte Zucht gesteuert werden.

Auch die Augen der Zwerghamster kommen in verschiedenen Farben vor. Neben den schwarzen Augen aller Wildtypen existieren noch mindestens zwei verschiedene Rottöne, ein sehr helles (= Hellrot) und ein dunkles Rot (= Dunkelrot, Rubinrot). Außerdem haben einige Zwerghamster mit dem letalen Schecken-Gen (Ml) einen rötlichen Schimmer in ihren schwarzen Augen (s. unten).

Nur weil ein Zwerghamster rote Augen hat, ist er jedoch noch kein Albino! Ein Albino (spanisch für „der Weißliche") hat keinerlei Farbpigmente in Haut, Iris und Haaren und besitzt daher ein rein weißes Fell, rote Augen und fleischfarbene Ohren und Pfoten. Die Augen der Albinos erscheinen rot, da das Blut, das durch die Adern im pigmentlosen Auge fließt, dieses rötlich färbt. Albinotische Tiere sind aufgrund der fehlenden Pigmente sehr lichtempfindlich. Da das Melanin nicht nur für die Farbe und den UV-Schutz zuständig ist, sondern auch zur Organisation der Gehirnstruktur beiträgt, sehen und hören Albinos häufig schlecht. Es gibt jedoch auch weiße Tiere mit schwarzen Augen und farbige Tiere mit roten Augen, beides sind keine Albinos.

Am Anfang steht das Gen

Wenn Sie ein Hamsterbaby betrachten, sehen Sie das Resultat einer ganz besonderen, mehr oder weniger zufälligen Mischung. Der Nachwuchs hat immer ziemlich genau eine Hälfte seines Erbmaterials von der Mutter und die andere Hälfte vom Vater. Für jedes Merkmal gibt es mindestens zwei Gene, eines von jedem Elternteil.

Doch was ist nun ein Gen und wo finden wir es? Ein Gen ist ein bestimmter Abschnitt auf einem Chromosom. Dieser Abschnitt bewirkt, dass ein bestimmtes Merkmal ausgeprägt wird. Von diesen Genen können verschiedene Allele (Zustandsformen) auftreten. Dies wiederum sind durch Mutationen hervorgerufene Varianten eines Gens. Die erwähnten Chromosomen sind die Träger der genetischen Information, da auf ihnen die Gene lokalisiert sind. Jedes Gen hat hier seinen Platz. Die Chromosomen sind fädige Strukturen, die nur während der Zellteilung bei hoher Vergrößerung sichtbar werden. Die restliche Zeit befinden sie sich „unsichtbar" im Zellkern. Chromosomen liegen als Paare vor, und jede Tierart hat eine bestimmte Anzahl von Chromosomenpaaren. Z. B. hat ein Meerschweinchen 32, ein Mensch 23 und der Campbell-Zwerghamster 28 Chromosomenpaare. Die Chromosomenpaare teilen sich während der Reifeteilung (Meiose) in zwei einzelne Chromosomen auf. Das einzelne Chromosom bildet nun während der Befruchtung mit dem entsprechenden Chromosom des anderen Elternteils ein neues Chromosomenpaar. Der Nachkomme ist somit eine Mischung aus mütterlichem und väterlichem Erbmaterial.

Mendel und die Zwerghamster

Die Vererbung der äußerlichen Merkmale, wie z. B. der Fellfarbe, folgt durchaus festgelegten Gesetzen. Die ersten statistischen Regeln zur Vererbung veröffentlichte der Augustinermönch Gregor Johann Mendel bereits im Jahre 1865. Und obwohl Mendel mit Erbsenpflanzen experimentierte, sind seine Regeln auch für unsere Zwerghamster gültig.

Zunächst ist festzuhalten, dass es dominant, rezessiv und intermediär vererbbare Gene gibt. Das dominante Gen setzt sich gegenüber dem rezessiven Gen immer durch. Sobald auf einem Chromosomenpaar ein dominantes Gen eines bestimmten Merkmals auftritt, „unterdrückt" es das rezessive Gen. Liegen dominante und rezessive Gene eines Merkmals gemeinsam auf einem Chromosomenpaar, so ist der Zwerghamster für dieses Merkmal mischerbig (= heterozygot). Ein rezessives Gen muss demnach doppelt, also reinerbig (= homozygot) vorliegen, damit es sich auf die äußerliche Erscheinung des Tieres auswirkt.

Wichtig ist also die Unterscheidung zwischen Phänotyp und Genotyp. Der Phänotyp beschreibt, was dem Hamster rein äußerlich angesehen werden kann, z. B. dass sein Fell vom Wildtyp ist; der Genotyp gibt Auskunft über die Erbanlagen, die der

Gescheckter Chinesischer Streifenhamster
Foto: S. Honigs

Rein weiße Chinesische Streifenhamster sind noch selten.
Foto: S. Honigs

Hamster trägt; so kann er rein äußerlich vom Wildtyp, jedoch gleichzeitig Träger einer weiteren Fellfarbe sein, nämlich dann, wenn er heterozygot ist.

Bei einem intermediären Erbgang zeigen die Nachkommen eine Mischung zwischen den beiden Ausgangsformen. Allerdings gibt es auch fließende Übergänge zwischen den rezessiv-dominanten und den intermediären Erbgängen, sodass eine Trennung dieser Erbgänge nicht immer einfach ist.

In den folgenden Ausführungen wird – wie in der Praxis üblich – die Elterngeneration als „P" (= Parental), die erste Nachkommengeneration „F_1" (= Filialgeneration bzw. Tochtergeneration), die zweite „F_2" genannt.

Für unsere Hobbyzucht sind vor allem die beiden ersten Mendelschen Regeln wichtig.

Uniformitätsregel

Werden zwei Individuen einer Art, die sich im betrachteten Merkmal unterscheiden, für das sie jeweils reinerbig sind, gekreuzt, so sind die Nachkommen der F_1- Generation im betrachteten Merkmal gleich.

Spaltungsregel

Werden nun die Mischlinge der F_1- Generation untereinander gekreuzt, so spaltet sich das Merkmal in der F_2- Generation im Zahlenverhältnis 1:2:1 oder 3:1 wieder auf.

Wildfarbener Chinesischer Streifenhamster (Männchen)
Foto: C. Ehrlich

Dshungarischer Zwerghamster (*Phodopus sungorus*) in seiner Wildfärbung Foto: C. Ehrlich

Die Farben der Zwerghamster

Dshungarischer Zwerghamster

Die Dshungarischen Zwerghamster kommen bislang nur in vier verschiedenen Fellfärbungen vor. „Saphir" ist die einzige sicher rezessiv vererbte Färbung. Die Wildfarbe und „Winterweiß" werden dominant vererbt; wie das seltenere „Pearl" bzw. „Perlmutt" vererbt wird, ist noch nicht gänzlich geklärt. Die Wildfarbe wird häufig auch als „Agouti" bezeichnet. Diese Farbbeschreibung bezieht sich auf die Zweifarbigkeit der einzelnen Haare, die sowohl hell als auch dunkel sind. Wir werden hier jedoch bei der Bezeichnung „Wildfarbe" anstelle von „Agouti" bleiben. Gleiches gilt für die Campbell-Zwerghamster, deren Wildtyp natürlich ebenfalls Agouti genannt wird.

Wildfarbe

Die Dshungarischen Zwerghamster treten in ihrer ursprünglichen Färbung noch am häufigsten auf. Der Wildtyp ist gräulich braun bis blaugräulich braun mit schwarzem Aalstrich, schwarzen Augen und dunklen Ohren. Deutlich zu erkennen ist die Dreibogenlinie an den Seiten des walzenförmigen Körpers. Diese Linie trennt die dunkle Rückenfärbung von der hellen bis weißen Bauchfärbung. Pfoten und Schwanz sind weiß.

Winterweiß

Es treten zwei verschiedene Typen von winterweißen Dshungarischen Zwerghamstern auf. Zum einen gibt es die Tiere, die von Geburt an die helle Färbung des typischen Winterfells der „Dshungaren" haben, zum anderen wechseln die dunklen wildfarbenen Tiere im Winter teilweise zum weißgrauen Winterfell. Auslöser für die Umfärbung ist in erster Linie die Umstellung von Sommer- auf Winterzeit, d. h. die Lichtdauer wird kürzer, ein Temperaturwechsel spielt keine Rolle. Während das Fell der Dshungarischen Zwerghamster im Sommer keine Veränderungen durchmacht, beginnt etwa im Oktober/November – bei entsprechenden Lichtverhältnissen – der Wechsel zum dichteren und helleren Winterfell. Mit dem Einzug des Sommers wechseln die Tiere rasch wieder in die dunkle Fellfärbung.

Es ist auch möglich, dass sich manche Tiere nur unvollständig umfärben. Die entstehenden Fleckenmuster sehen häufig sehr interessant aus. Viele Züchter konnten häufiger beobachten, dass sich einige dunkel wildfarbene Dshungarische Zwerghamster im Winter nie umfärben, während andere Tiere derselben Gruppe bzw. desselben Wurfes diese Fellfarbveränderung durchlaufen. Eine genetische Veranlagung zur Umfärbung in das helle Winterfells ist daher nicht auszuschließen. Ältere Tiere färben sich grundsätzlich weniger um als Junge.

Die von Geburt an winterweißen „Dshungaren" haben sowohl einen Aalstrich als auch die Dreibogenlinie. Beide sind hell- bis dunkelgrau. Das Rückenfell ist gräulich weiß, das Bauchfell weiß, ebenso die Pfoten und der Schwanz. Die Ohren sind grau, die Augen schwarz. Die Helligkeit der winterweißen Tiere kann stark variieren.

Saphir

Der erste saphirfarbene Dshungarische Zwerghamster wurde in Großbritannien 1988 gezüchtet, und diese Fellfarbe wird auch bei uns immer beliebter. Das Fell dieser Tiere ist bläulich grau. Der Aalstrich ist wesentlich blasser als der des Wildtyps. Auch alle anderen beim wildfarbenen Dshungarischen Zwerghamster dunkel abgezeichneten Formen sind bei den saphirfarbenen Tieren heller bzw. dunkelblaugrau.

Winterweiße „Dshungaren" gibt es in verschiedenen Helligkeiten. Foto: Si. Honigs

In der Übergangszeit der Umfärbung können Muster im Fell entstehen. Foto: G. Siefer

Dshungarischer Zwerghamster
Foto: Si. Honigs

Perlmutt ist noch eine sehr seltene Fellfarbe der Dshungarischen Zwerghamster. Foto: Si. Honigs

Die Dreibogenlinie ist jedoch deutlich zu erkennen. Die Ohren sind dunkelgrau, die Augen schwarz. Auch saphirfarbene Tiere können im Winter wesentlich heller werden. Saphir wird rezessiv vererbt und hierzulande häufig auch „Blau" genannt.

Perlmutt/Pearl

Die perlmuttfarbenen Dshungarischen Zwerghamster haben ein beinahe reinweißes Fell. Alle dunklen Abzeichen des Wildtyps sind kaum noch zu erkennen, ein Aalstrich ist bei einem „guten" Perlmutt-Hamster nicht zu sehen. Die Unterwolle der Tiere ist jedoch dunkel, sodass das Fell eine gleichmäßig graue Schattierung bekommt. Die Ohren dieser Tiere sind hellgrau, die Augen schwarz. Es gibt Berichte darüber, dass männliche perlmuttfarbene „Dshungaren" unfruchtbar seien. Dies trifft jedoch nicht vollständig zu, da es durchaus fortpflanzungsfähige Männchen dieses Farbschlages gibt. Möglicherweise haben Perlmutt-Männchen jedoch eine größere Tendenz zur Unfruchtbarkeit als andere Farbschläge. Ein Männchen dieser Farbe zeugte bei mir bis ins Alter von 1,5

Jahren regelmäßig Nachwuchs. Jenseits dieser Altersgrenze konnte es trotz regelmäßiger Paarung mit verschiedenen Weibchen keine Jungen mehr zeugen. Berichten zufolge wird Perlmutt dominant vererbt. Dem widerspricht jedoch die Tatsache, dass alle Nachkommen meines Perlmutt-Männchens Wildtyp-Fellfarbe hatten. Wie Perlmutt vererbt wird, ist offensichtlich noch nicht geklärt. Möglicherweise handelt es sich auch um zwei Gene, die an der Ausbildung dieser Farbe beteiligt sind. Perlmutt trat erstmals 1989 in Großbritannien auf.

Campbell-Zwerghamster

Campbell-Zwerghamster kommen mittlerweile in vielen verschiedenen Farbvarianten vor. Allerdings gibt es beim „Campbell“ zusätzlich auch verschiedene Fellformen und Zeichnungsvarianten. Diese Vielfalt macht den Campbell-Zwerghamster bei den Züchtern so beliebt.

Wildfarbe

Der Campbell-Zwerghamster wird vom ungeübten Betrachter häufig mit dem „Dshungaren“ verwechselt. Zugegeben ist es bei flüchtiger Betrachtung zunächst etwas schwierig, Unterschiede auszumachen.

Wildfarbener Campbell-Zwerghamster
Foto: C. Ehrlich

Hier die wesentlichen Unterschiede:

- das Fell der Campbell-Zwerghamster ist gelblicher als das der Dshungaren,
- die Dreibogenlinie der Campbell-Zwerghamster ist zum Bauchfell gelblich abgesetzt,
- die Dreibogenlinie der „Dshungaren“ ist meist durch eine klare farbliche Trennung zwischen Rücken- und Bauchfell gekennzeichnet.

Der wildfarbene Campbell-Zwerghamster hat schwarze Augen, dunkle Ohren, einen weißen Schwanz und weiße Pfoten. Das Rückenfell ist braungelb mit dunkelbraunem Aalstrich. Die Dreibogenlinie an den Flanken trennt auch hier wieder deutlich Ober- und Unterseite, wenn auch nicht so klar wie bei Dshungarischen Zwerghamstern. An der

Schwarze „Campbells“ haben einen weißen Latz und helle Pfoten. Foto: C. Ehrlich

Campbell-Zwerghamster in opal
Foto: C. Ehrlich

Argentefarbene Campbell-Zwerghamster sind sehr beliebt.
Foto: C. Ehrlich

Dreibogenlinie haben die „Campbells" eine schmale Zone gelben bis beigen Fells. Unterhalb der Dreibogenlinie sind die Campbell-Zwerghamster hell gefärbt, d. h. sie haben ein weißes Fell mit grauer Unterwolle. Einige Farbschläge zeigen auch auf der Unterseite die Farbe der jeweiligen Oberseite.

Farbvarianten

Campbell-Zwerghamster bilden mehrere Typen von Farben aus. Es gibt solche, die bereits beim Vorhandensein eines einzigen entsprechenden Gens zustandekommen und solche, die sich aus mehreren Grundfarben (und den dazugehörigen Genen) zusammensetzen. Außerdem gibt es noch Gene für Muster und Fellstruktur sowie für die Veränderung der Farben. Die Gene können demnach in vier Gruppen eingeteilt werden:

- Farbgene (Ein-, Zwei-, Drei- und Vier-Gen-Farben)
- Muster-Gene
- Fellstruktur-Gene
- Farbveränderungs-Gene

Wildfarbene Campbell-Zwerghamster kommen auch mit rein weißem Bauch vor. Sie sehen eigentlich genauso aus wie die wildfarbenen „Campbells", sind jedoch unterhalb der Dreibogenlinie schneeweiß. Das genetische Zeichen für die Weißbäuchigkeit ist „Wh". Diese ist letal, wenn das entsprechende Gen homozygot auftritt: Die betroffenen Tiere haben keine Augen. Es gibt mehrere **Farbgene**, die beim Campbell für die Fellfärbung zuständig sind:

Opal

Opalfarbene Campbell-Zwerghamster sehen beinahe so aus wie die wildfarbenen Tiere, allerdings sind die dunklen Farbtöne hier sehr blass und wirken nur noch wie ein graublauer Schimmer. Die Vibrissen (Tasthaare) sind gebogen, die Augen schwarz. Im englischsprachigen Raum wird dieser Farbschlag „Opal" genannt. In Deutschland war „Opal" auch als „Blau" bekannt, da es jedoch auch einen Farbschlag „Blue" (engl.: Blau) gibt, bleiben wir bei dem englischen Begriff „Opal". Opal vererbt sich rezessiv. Das Zeichen für das Gen ist „dd".

Argente

„Argente" ist eine sehr beliebte Farbvariante und trat erstmalig in Finnland auf. Diese Farbe wird häufig auch „Zimt", „Blond" oder „Beige" genannt. „Beige" ist jedoch eine irreführende Bezeichnung, da es auch die Farbe Beige bei den Campbell-Zwerghamster gibt (s. unten). Das Fell der argentefarbigen Tiere ist beigegelb mit einem rötlichen Touch. Der Aalstrich ist hellbraun. Ohren, Pfoten und Schwanz sind hell. Unterhalb der gelblich abgesetzten Dreibogenlinie sind die Tiere weiß. Die Unterwolle ist grau. Es existieren zwei

Silberrücken eines älteren schwarzen Campbell-Zwerghamsters Foto: S. Honigs

Albino „Campbells" sind typischerweise schneeweiß und haben hellrote Augen. Foto: C. Ehrlich

Lilac Campbell-Zwerghamster Foto: S. Honigs

Campbell-Zwerghamster mit der Fellfarbe Taube Foto: G. Siefer

verschiedene Argente-Gene, „pp" und „bb", beide werden rezessiv vererbt. Mit dem „pp"-Gen haben die Tiere dunkelrote Augen, mit dem „bb"-Gen jedoch schwarze. Ansonsten sehen beide Argentetypen gleich aus. Die schwarzäugigen Argente-Hamster werden auch als sandfarbene Campbell-Zwerghamster bezeichnet. Argente kann in der Helligkeit variieren.

Schwarz

„Schwarz" ist eine rezessiv vererbte Farbe mit dem genetischen Zeichen „aa". Tiere mit diesem Farbschlag haben ein sehr dunkelgraues bis schwarzes Fell. Der Aalstrich ist tiefschwarz. Eine Dreibogenlinie fehlt zunächst, der Bauch ist ebenfalls dunkel. Um die Augen herum ist das Fell heller. Der Schwanz ist dunkel, kann jedoch hell abgesetzt sein. Die Ohren sind hell, die Pfoten weiß. Die schwarzen Campbells haben einen weißen „Latz", der an der Schnauze beginnt und sich V-förmig bis auf Höhe der Achseln fortsetzt. Bei den schwarzen Campbells wurde zuerst das Phänomen des Aufhellens oder des sog. Silberrückens beobachtet. Dies tritt meistens

Auch Lilac Schecken kommen in verschiedenen Helligkeiten vor.
Foto: S. Honigs

Dalmatiner Schecke
Foto: C. Ehrlich

Argente-Schecke ohne (li.) und mit (re.) Satinfell Foto: S. Honigs

Wildfarbener „Campbell" mit Satinfell Foto: Si. Honigs

auf, wenn ein schwarzer Campbell älter wird; dann beginnt sich sein Fell aufzuhellen, und er wird zusehends grauer bzw. silberner. Bei einem stark ausgeprägten Silberrücken erscheint häufig auch die Dreibogenlinie wieder, wobei die Unterseite der Tiere dunkler bleibt als die Oberseite. Es kann beobachtet werden, dass das Fell mancher schwarzen Campbells sich bereits in den ersten Lebenswochen aufhellt. Ob der Silberrücken auftritt, hängt demnach nicht allein vom Alter ab. Manche Tiere färben sich erst sehr spät um, andere Tiere bleiben ihr Leben lang tiefschwarz. Aus diesen Beobachtungen schließen einige Züchter, dass dem Phänomen des Silberrückens ein separates Gen zugrunde liegen könnte, das sog. „Silvering"-Gen. Möglicherweise ist das mutmaßliche „Silvering"-Gen auch an das Gen für die Fellfarbe Schwarz gekoppelt.

Albino

Albinotische Campbell-Zwerghamster sind relativ selten. Hierbei handelt es sich um Tiere, denen alle Pigmente fehlen und die somit keine Farben zeigen.

Leider haben häufig „Campbells“ mit Satinfell, wie dieser argentefarbene, Fellprobleme. Foto: S. Honigs

Aufgehellte (Deluting) Schecke, Ausgangsfarbe ist der Wildtyp Foto: S. Honigs

Das Fell ist am ganzen Körper weiß, die Ohren sind hell, die Augen rot. Albino, genetisch „cc“, wird rezessiv vererbt, es maskiert jedoch andere Farben. Wenn ein Tier z. B. zwei Albino-Gene und zwei Schwarz-Gene trägt, wird es phänotypisch trotzdem ein albinotisches Tier.

Blau

Bei „Blau“ handelt es sich um eine Zwei-Gen-Farbe. Sie setzt sich aus „Opal“ und „Schwarz“ zusammen. Das genetische Zeichen ist somit „aadd“, der Vererbungsgang ist rezessiv. Blaue Campbell-Zwerghamster haben nicht das Muster der wildfarbenen Tiere, ihre stark bläulich graue Fellfarbe ist am gesamten Körper zu sehen. Die Augen sind schwarz, und ein dunkelblaugrauer Aalstrich ist sichtbar. Die Tiere haben weiße Pfoten und Ohren sowie einen weißen „Latz“ unter dem Kinn. Ebenso wie die schwarzen Tiere hellen die blauen am Rücken früher oder später auf. Eine weitere Spielart der Fellfarbe Blau ist „blue fawn“ „ddpp“. Die Tiere haben ein zimtfarbenes Fell mit blauem Touch. Unterseite und Flanken sind dann weiß, die Augen rot.

Taube

Tiere mit der Fellfarbe „Taube“ oder auch engl. „dove“ sind graublau bis braun mit einem Rosé-Touch. Das Fell ist inklusive Bauchseite durchgehend gefärbt, und die Augen sind rot. Es handelt sich um eine Kombination aus den Fellfarben „Argente“ und „Schwarz“. Das genetische Zeichen ist „aapp“, der Erbgang ist rezessiv. Da bei diesem Farbschlag, wie erwähnt, das Gen für „Schwarz“ eine Rolle spielt, können auch Exemplare mit der Farbe „Taube“ wie die schwarzen Tiere aufhellen.

Beige

Das Resultat einer Kombination beider „Argente“-Gene (genetisches Zeichen: „bbpp“) wird „Beige“ genannt. Das Fell ist hellbeige bis dunkelgelb gefärbt. Der Aalstrich ist rötlich bis hellbraun, Pfoten, Ohren und Bauch sind hell, die Dreibogenlinie trennt farblich die Körperober- von der -unterseite. Die Augen sind rubinrot.

Schokolade

Die Tiere sind dunkelbraun und sehen Campbell-Zwerghamstern mit der Fellfarbe „Taube“ sehr ähnlich. Der Aalstrich ist schwarz-dunkelbraun. „Schoko-Tiere“ haben schwarze Augen, keine Dreibogenlinie, weiße Pfoten und einen weißen „Latz“. Der Bauch ist ebenfalls dunkelbraun. „Schokolade“ (genetisches Zeichen: „aabb“) ist eine Kombination aus „Schwarz“ und dem „Argente-Gen“ für schwarzäugige Tiere. Auch die schokofarbenen Campbell-Zwerghamster können in der Fellfarbe aufhellen.

Reinweiße Campbells mit schwarzen Augen sind selten.
Foto: S. Honigs

Lilac

„Lilac" ist eine sehr beliebte und häufige Farbe. Die Hamster sind gräulich blau, haben helle Ohren, helle Pfoten und einen weißen „Latz" unterhalb des Kinns. Der Bauch ist ebenfalls lilacfarbig. Es gibt verschiedene Nuancen dieser Fellfarbe, so können dunklere und hellere Tiere vorkommen. Lilac ist eine rezessive Drei-Gen-Farbe, die häufig auch als „Blau Argente" bezeichnet wird. Wie bei Argente gibt es auch hier rot- und schwarzäugige Tiere. Solche mit roten Augen tragen das RE-Lilac-Gen (RE = red eyes). Das genetische Zeichen ist „aaddpp", es ist somit eine Kombination aus „Opal", „Schwarz" und „Argente" mit roten Augen. Werden jedoch „Opal", „Schwarz" und „Argente" mit schwarzen Augen kombiniert, erhält man lilacfarbige Tiere mit schwarzen Augen, sog. BE-Lilac-Hamster (BE = black eyes). Das genetische Zeichen ist „aabbdd". Auch die lilacfarbigen Campbell-Zwerghamster bekommen, wie die schwarzen Tiere, einen helleren Rücken. Hier kann jedoch nicht von einem Silberrücken gesprochen werden, da aufgrund der Fellfarbe kein Silber zustande kommt. Es handelt sich vielmehr um ein sehr helles Lilac. Unterhalb der nun sichtbaren Dreibogenlinie bleibt das Tier dunkel. Auch bei diesen Tieren kann die Aufhellung bereits in den ersten Lebenswochen oder erst nach vielen Monaten eintreten.

Blaubeige

„Blaubeige" Campbell-Zwerghamster sehen den beigen Tieren sehr ähnlich, nur dass das Fell bei ihnen wesentlich bläulicher ist. Die Augen sind rot. Es handelt sich um eine Drei-Gen-Farbe, das Resultat einer Kombination von „Opal" mit den beiden „Argente"-Genen für rote und schwarze Augen. Das genetische Zeichen ist „bbddpp", der Erbgang rezessiv.

Dunkelbeige

Zwerghamster mit dieser Fellfarbe sind durchgängig (ohne Dreibogenlinie) goldfarben mit roten Augen. Ohren und Pfoten sind hell. Das genetische Zeichen für „Dunkelbeige" ist „aabbpp"; es handelt sich also um eine Drei-Gen-Farbe aus „Schwarz" und den beiden „Argente"-Genen.

Champagner

„Champagner" ist die derzeit einzige bekannte Vier-Gen-Farbe, mit dem genetischen Zeichen „aabbddpp". Es handelt sich um eine Kombination aus „Opal", „Schwarz" und den beiden „Argente"-Genen. Die Fellfarbe dieser Tiere erinnert an die namensgebende Spirituose, gelbgrau und sehr hell. Der Bauch ist ebenfalls „champagner" eingefärbt, die Augen sind rot.

Das Aussehen des Felles wird zudem durch **„Muster-Gene"** beeinflusst:

Gescheckt

Das erste gescheckte Tier wurde 1990 in Großbritannien geboren. Es existieren zwei verschiedene Gene für das Fleckenmuster der Campbell-Zwerghamster. Zum einen das MO-Gen (non lethal mottled gen) und zum anderen das MI-Gen (lethal mottled gen). Beide Gene sind dominant. Wenn ein Tier das MI-Gen für das Fleckenmuster trägt, ist es daran zu erkennen, dass seine ansonsten schwarzen Augen rötlich leuchten, wenn sie im Dunkeln mit einer Taschenlampe angestrahlt werden. Tiere, deren Augen aufgrund ihrer Färbung bereits rot sind, haben als Träger des MI-Gens wesentlich hellere Augen. Das MI-Gen trägt einen Letalfaktor, das bedeutet, dass es einen Defekt vererbt, wenn es homozygot auftritt.

Werden also zwei Tiere verpaart, die jeweils ein MI-Gen tragen, so werden 25 % nicht dauerhaft lebensfähige Tiere geboren (oder bereits im Mutterleib resorbiert). Diese homozygoten Tiere haben keine Augen, sind zahnlos, schneeweiß, klein und sterben in der Regel nach spätestens drei Wochen. Nur wenige Tiere überleben, sind aber steril. Eine dahingehende Züchtung verbietet sich also von selbst.

Prinzipiell ist die Kombination der Fleckengene mit jedem Farbgen möglich. Sie können demnach z. B. schwarz/weiß gescheckte oder weiß/lilac gescheckte Tiere züchten. Der Aalstrich ist in den meisten Fällen fragmentarisch vorhanden. Wie groß die einzelnen Flecken sind, ist bei jedem Hamster verschieden, sodass Sie nie zwei identisch gescheckte Tiere sehen werden. In den meisten Fällen haben die Zwerghamster am Kopf einen großen Fleck in der entsprechenden Farbe. Dieser endet auf Höhe der Ohren. Häufig zeigen die Tiere zudem einen weißen Kragen um den Hals, und hinter diesem Kragen beginnt auf dem Rücken ein variables Fleckenmuster. Eine Zeichnung mit besonders kleinen Flecken wird, besonders bei den schwarz gefleckten Tieren, „Dalmatiner" genannt.

Platin

Das „Platin"-Gen wird dominant vererbt und hat das genetische Zeichen „Si". Platin hat einen Letalfaktor: Tritt es homozygot auf, so sterben die betroffenen Jungtiere in der Regel bereits im Mutterleib ab. Dieser Vorgang schadet der Mutter nicht, da die Föten im Mutterleib resorbiert werden, es kann jedoch vorkommen, dass trotzdem homozygote Jungtiere geboren werden. Diese sind ca. 25 % kleiner als ihre Geschwister, und ihr Überleben ist fraglich. Daher verbietet sich eine solche Verpaarung! Platin kann mit allen Farben und Fellformen kombiniert werden. Die Ausprägung des Platin ist sehr variabel. Es bewirkt eine – unterschiedlich stark ausgeprägte – weiße Melierung der Fellfarbe. Im extremsten Fall kann ein Tier weiß sein und schwarze Augen haben. Die Augenfarbe richtet sich wiederum nach den kombinierten Farben. Platin mit Wildfarbe ergibt schwarze, mit „Argente" (rote Augen) rote Augen.

Fellstruktur-Gene können ebenfalls auftreten:

Satin

1981 wurde in Großbritannien ein Zwerghamster mit einem merkwürdig glänzenden Fell geboren. Die Haare dieses Hamsters waren länger und dünner als normale Haare und hatten einen seidigen Glanz. Mittlerweile ist diese Mutation weit verbreitet und wird „Satin" genannt. Satin hat das genetische Zeichen „sasa" und wird rezessiv vererbt. Zwerghamster mit Satinfell wirken immer etwas feucht oder ölig und sind daher eher weniger beliebt. Die Satin-Campbells sehen, abgesehen von ihrer Fellstruktur, genauso aus wie andere Tiere mit der entsprechenden Farbe. Das Satin-Gen lässt sich beinahe mit allen Farbgenen und sogar mit dem Scheckengen kombinieren. Die Farben mit Satinfell sind immer etwas dunkler als ohne.

Farbveränderungsgene

Farbveränderungsgene sind zudem dafür verantwortlich, dass eine Farbe entweder heller (diluting) oder dunkler (umbrous) auftritt. Beide Gene werden rezessiv vererbt. Das genetische Zeichen für „diluting" ist „didi" und „umbrous" hat das Zeichen „uu". Diese Veränderungen sind jedoch nicht mit dem Phänomen des Aufhellens beim „Silberrücken" zu verwechseln, da dieser farbverändernde Effekt erst im Laufe der Zeit auftritt – „diluting" und „umbrous" bewirken jedoch von Geburt an, dass sich die Fellfarbe des Zwerghamsters langsam verändert. Der „Albinoeffekt" („cc") ist genauer betrachtet ebenfalls ein farbverändernder Effekt.

Weitere Varianten

Die oben genannten zahlreichen Farben und Fellformen der Campbell-Zwerghamster sind jedoch nicht komplett! Es gibt regelmäßig Berichte über neu aufgetretene Farb- und Fellmutationen, sodass eine solche Auflistung selten vollständig sein kann. Zusätzlich zu den besprochenen Farben gibt es noch „Weiß" mit schwarzen Augen, „Grau", „Moskau", „Brindled Opal", „Brindled Argente" mit schwarzen Augen, „Schwarz gebändert" (schwarze Tiere mit einem weißen Kragen), „Harle-

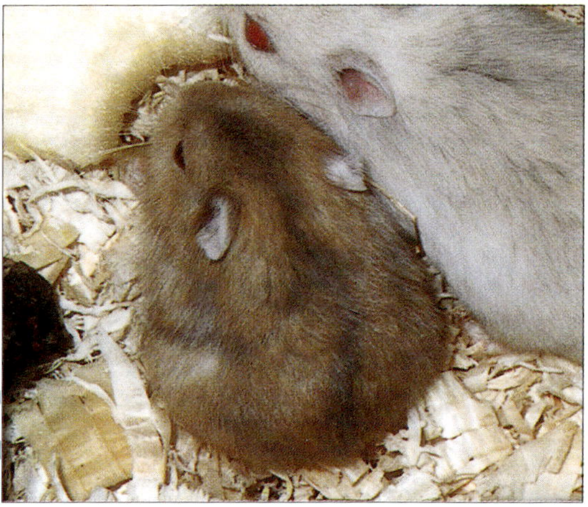

Eine neue Fellfarbe der Dshungarischen Zwerghamster: Gelb.
Foto: G. Siefer

quin" (Taube und Schwarz gefleckt), „Honig-Platin", „Grau-Platin" und „Lilac Fawn". Des Weiteren existiert noch mindestens eine zusätzliche Fellstruktur, nämlich „Rex" („gewelltes Haar"). Viele dieser neuen Varianten sind bisher nur von einzelnen Tieren oder Gruppen bekannt. Mehr Informationen zu den Neuerungen in der Zwerghamster-Farbzucht finden sich im Internet.

Neue Variante: Campbell-Zwerghamster mit honigplatinfarbenem Fell Foto: C. Ehrlich

Wie Sie bei der Beschreibung der Farben und Muster festgestellt haben, gibt es einige Gene, die aufgrund ihres Letalfaktors nicht im homozygoten Zustand auftreten sollten. Sie müssen diesen Aspekt bei jeder Kreuzung von Campbell-Zwerghamstern beachten!

Wenn einige Regeln eingehalten werden und der Halter etwas Platz hat, kann das Züchten von „Campbells" ein spannendes Hobby sein.

Inzucht – ein vermeidbares Problem

Die Frage, ob Inzucht schädlich sei oder nicht, ist nicht eindeutig zu beantworten. In der Natur gibt es viele Populationen, die sich nur durch Inzucht erhalten. Andere wiederum haben die raffiniertesten Strategien entwickelt, um Inzucht zu vermeiden. Im Prinzip gilt aber: Wenn Inzucht vermeidbar ist, sollte man sie auch vermeiden! Durch Inzucht können sich z. B. Krankheiten wie Diabetes festigen und unbemerkt verbreiten. Sie kann auch bewirken, dass die Jungtiere kleiner sind und schlechter wachsen und/oder für Erkrankungen anfälliger sind. Besonders Einsteigern in dieses Hobby muss daher ans Herz gelegt werden, ihre Tiere besonders gut zu beobachten und auf jede nachteilige Auffälligkeit entsprechend zu reagieren. Züchten Sie auf keinen Fall mit geschwächten, behinderten oder kranken Tieren und sortieren Sie entsprechende Jungtiere aus! Es gibt jedoch besonders in der Farbzucht Situationen, in denen Inzucht das einzige Mittel ist, um eine Farbe zu festigen. Stellen Sie sich vor, dass Sie nur einen einzigen Hamster mit einer besonderen Farbe besitzen und keinen zweiten finden können. Um nun diese Farbe auf mehrere Hamster zu „verteilen“, bleibt Ihnen keine andere Möglichkeit, als sich mit Inzucht zu behelfen. Hierfür gibt es auch einen eigenen Begriff, nämlich Rückkreuzung (siehe unten). Solche Rückkreuzungen sollten jedoch so selten wie möglich eingesetzt werden!

RÜCKKREUZUNG

Durch eine Rückkreuzung können Sie ein seltenes Merkmal in Ihrem Bestand festigen. Nehmen wir an, Sie besitzen nur ein einziges argentefarbenes Campbell-Zwerghamster-Weibchen. Sie kreuzen nun dieses Weibchen mit einem wildfarbenen Männchen. Sofern beide Tiere homozygot, also reinerbig waren, werden die Nachkommen heterozygot (mischerbig) sein. Alle sehen aus wie ihr Vater (weil das Gen für „Wildtyp“ dominant ist), tragen jedoch das „Argente“-Gen mit sich. Da „Argente“ rezessiv vererbt wird, zeigt es sich im heterozygoten Zustand nicht im Phänotyp. Um nun eine möglichst große Anzahl argentefarbiger Nachkommen zu erhalten und sicherzustellen, dass alle Nachkommen „Argente“ im Genotyp haben, müssen Sie einen Sohn aus der F_1-Generation mit der Mutter verpaaren. Die Nachkommen dieser Paarung sind theoretisch zu 50 % argentefarben und zu 50 % heterozygot wildfarben. Sie könnten auch die Geschwister der F_1-Generation untereinander verpaaren, diese Paarung hätte jedoch mehrere Nachteile, da sich die Gene nach der Mendelschen Spaltungsregel aufteilen. Zum einen erhalten Sie nur 25 % argentefarbige Tiere, zum anderen haben Sie nun unter den verbliebenen 75 % wildfarbenen Tieren zwei verschiedene Genotypen. Der eine Genotyp ist homozygot, der andere ist heterozygot. Sie können den Tieren jedoch nicht ansehen, um was für Genotypen es sich nun handelt. Einem Züchter ist es aber immer wichtig zu wissen, welche Gene in einem Tier stecken.

Wenn Sie diese Methode der „Inzucht“ sparsam nutzen, um in Ihrer Zucht voranzukommen, ist dagegen nichts einzuwenden. Beachten Sie aber die oben angeführten Hinweise und seien Sie sensibel für jede Unregelmäßigkeit! Das Kreuzungsschema zum Thema Rückkreuzung finden Sie auf Seite 58.

GESCHLECHTSBESTIMMUNG

Für die Zucht ist es logischerweise unabdingbar, mindestens ein Pärchen zu haben. Die Geschlechtsbestimmung bei Zwerghamstern ist mit etwas Übung relativ einfach. Da es bei diesen Tieren keinen auffälligen Geschlechtsdimorphismus gibt, d. h., rein optisch unterscheiden sich Weibchen und Männchen hier kaum, müssen Sie sich Ihren Hamster etwas genauer betrachten. Nehmen Sie ihn in eine Hand und drehen Sie ihn so, dass Sie seine Genitalregion gut erkennen können. Bei allen Zwerghamsterarten ist bei den Weibchen der Abstand zwischen Anus und Geschlechtsöffnung kleiner als beim Männchen. Besonders bei den Männchen der Chinesischen Streifenhamster sind die Hoden sehr gut zu erkennen, die Genitalpartie ist sehr deutlich ausgeprägt. Außerdem sind die Männchen aller Zwerghamster ein wenig größer als die Weibchen und haben einen größeren Schädel. Falls es Probleme bei der Bestimmung des Geschlechts gibt, lassen Sie sich am besten von einem erfahrenen Züchter helfen.

WICHTIGE DATEN

Für die Zucht dürfen Sie nur gesunde Tiere verwenden. Das Weibchen darf zudem nicht zu jung sein; wenn Sie die Weibchen zu früh decken lassen, riskieren Sie, dass es zu gesundheitlichen Schäden kommt und/oder der Wurf nicht überlebt, da die Mutter nicht in der Lage ist, die Jungtiere ausreichend zu versorgen. Es kann auch vorkommen, dass die Mutter ihren ersten Wurf auffrisst.

Dshungarische Zwerghamster werden mit etwa 4–5 Wochen geschlechtsreif, „Campbells“ nach etwa anderthalb Monaten. Mit der Verpaarung sollte jedoch bis zu einem Alter von mindestens drei Monaten gewartet werden. Chinesische Streifenhamster sind mit ca. vier Wochen geschlechtsreif, sollten aber erst in einem Alter von zwei Monaten verpaart werden. Der Iran-Maushamster ist mit 6–8 Mona-

GESCHLECHTSBESTIMMUNG

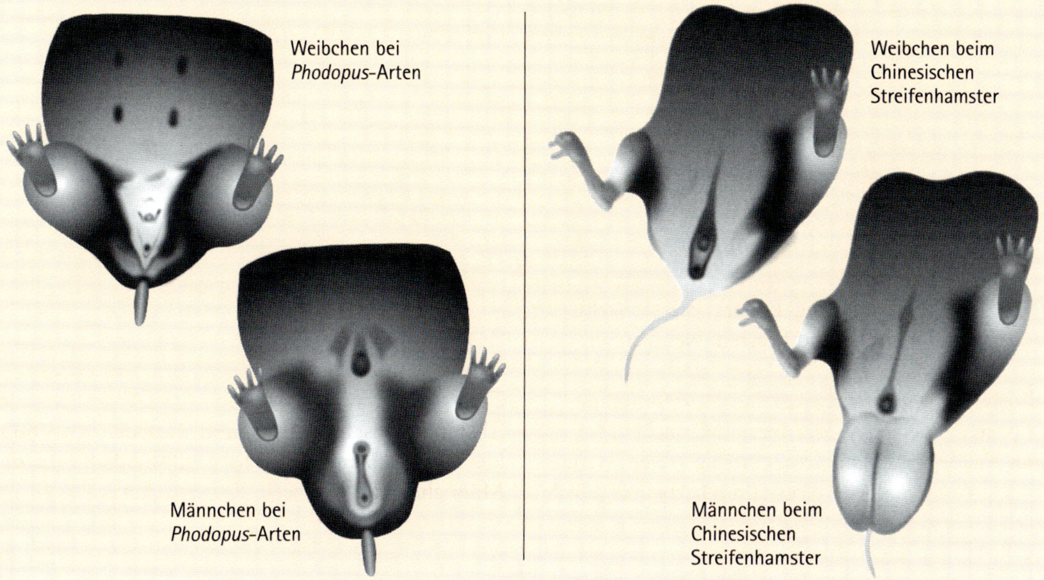

ten ausgewachsen und erreicht die Geschlechtsreife mit vier (Weibchen) bzw. fünf (Männchen) Monaten. Diese Zwerghamster pflanzen sich erst im zweiten Kalenderjahr fort. Für den Turkmenischen Maushamster gibt es bislang noch keine verlässlichen Angaben, es ist jedoch anzunehmen, dass es sich hier ähnlich verhält. Roborowski-Zwerghamster kann man mit etwa acht Monaten verpaaren.

TRÄCHTIGKEIT/WURFGRÖßE

Dshungarischer Zwerghamster 19–23 Tage/bis zu 10 Junge
Campbell-Zwerghamster 17–20 Tage/ bis 6 Junge
Chinesischer Streifenhamster 20–22 Tage/ 2–12 Junge
Roborowski-Zwerghamster 19–22 Tage/ 1–7 Junge
Iran-Maushamster 29–31 Tage/ 1–5 Junge

PAARUNG UND TRÄCHTIGKEIT

Die Fortpflanzungszeit in menschlicher Obhut ist im Vergleich zu den Verhältnissen im natürlichen Lebensraum verschoben. Dshungarische und Roborowski-Zwerghamster paaren sich z. B. in der Natur jeweils von April bis September, in menschlicher Obhut dagegen während des gesamten Jahres. Allerdings ist hier durchaus festzustellen, dass die Anzahl der Geburten im Winter geringer ist als im Sommer. Lange Lichtphasen stimulieren die Gonadenfunktion und wirken sich somit positiv auf die Fortpflanzungsrate aus, daher ist diese im Sommer höher als im Winter bei kurzen Lichtphasen.

Um geschlechtsreife Tiere zur Paarung zu bewegen, ist bei Chinesischen Streifenhamstern, Campbell- und Dshungarischen Zwerghamstern keine besondere Kunst notwendig. Roborowski-Zwerghamster und Turkmenischer Maushamster sind in der Wahl ihrer Partner jedoch sehr wählerisch, und es erfordert häufig viel Geduld, bis sich ein harmonisches Paar gefunden hat. Manche friedlich zusammenlebenden Roborowski-Zwerghamster-Paare pflanzen sich oft über Jahre hinweg nicht miteinander fort.

„Campbells“ sind in einer Gruppe gut zur Zucht zu bringen und bilden feste Paare, wohingegen dies bei Dshungarischen Zwerghamstern relativ schwierig ist. Dshungarische Zwerghamster lassen sich da-

Paarung bei Zwerghamstern
Foto: G. Siefer

her besser in der Paarhaltung nachziehen. Bei in einer Gruppe gehaltenen Campbell-Zwerghamstern kopulieren die Weibchen übrigens zunächst mit verschiedenen Männchen, ohne trächtig zu werden. Während dieser Zeit steigen die Aggressionen unter den Männchen an, und es kommt häufiger zu Balgereien.

Möchten Sie Tiere aus getrennten Gruppen verpaaren, so müssen Sie die Partner in einem neutralen Gehege zusammensetzen und beobachten. Achten Sie darauf, ob sich die Tiere vertragen. Sollten sich die Zwerghamster von Beginn an bekämpfen, müssen Sie diesen Versuch unterbrechen und andere Kombinationen ausprobieren. Sind sich die Tiere jedoch „sympathisch", lassen Sie diese zusammen und beobachten Sie, ob es zu einer Paarung kommt. Dies kann manchmal ein paar Tage dauern. Die Weibchen sind etwa alle vier Tage paarungsbereit.

Besonders bei den „Campbells" ist es sinnvoll, das Männchen auch nach der Paarung beim Weibchen zu lassen, da es bei der Jungenaufzucht hilft. Die Männchen der Chinesischen Streifenhamster dagegen müssen nach der Paarung aus dem Paarungsgehege entfernt werden, da die trächtigen Weibchen sehr unfreundlich auf anwesende Männchen reagieren. Es gibt allerdings auch Gruppen von Chinesischen Streifenhamstern, in denen die Zucht ohne Trennungen und das spätere mühsame Wieder-Zusammengewöhnen funktioniert. Fragen Sie Ihren Züchter, ob die Tiere aus einer solchen Gruppenzucht stammen, und beobachten Sie die Tiere nach der Geburt der Jungen genau. Kommt es zu Aggressionen, muss das Männchen sofort entfernt werden.

Ein Zwerghamster-Weibchen demonstriert dem Männchen seine Paarungsbereitschaft, indem es im Lauf immer wieder anhält und sein Schwänzchen hebt. Das Männchen reagiert auf dieses Zeichen und wird das Weibchen nach Nagerart von hinten begatten. Der Paarungsakt kann mehrmals wiederholt werden, bis ein Weibchen tatsächlich trächtig wird.

Die Trächtigkeit ist meistens sehr gut am zunehmenden Leibesumfang des Weibchens zu erkennen. Außerdem sind trächtige Zwerghamster häufig etwas aggressiver. Die Dauer der Tragzeit ist von Art zu Art unterschiedlich.

Bei Dshungarischen und Campbell-Zwerghamstern gibt es den sog. Post-partum-Oestrus, d. h., dass noch am Tage der Geburt eines Wurfes das Weibchen erneut begattet und auch trächtig werden kann. Der folgende Wurf wird 18 Tage später geboren. Zwerghamsterhalter, die keinen Wert auf einen weiteren Wurf legen, sollten dies beachten!

Noch ein Hinweis: Achten Sie besonders bei einer Zucht auf ausgewogene Ernährung der Zwerghamster-Weibchen. Durch Mangelernährung der Mutter können auch die Jungtiere nachhaltig Schäden davontragen! Bei Neugeborenen könnte z. B. durch ein Vitamin-E-Defizit bei der Mutter die SHN (Spontaneous Hemorrhagic Necrosis) verursacht werden. Hier wird die Entwicklung des Gehirns der ungeborenen oder neugeborenen Hamster schwer beeinträchtigt und es kommt zu irreparablen Schäden, die häufig den Tod des kleinen Hamsters zur Folge haben. Das Vitamin E ist besonders in Muttermilch und in Getreidekörnern vorhanden. Durch einen Mangel können des Weiteren der Muskelapparat und die Leber der Tiere, auch der Erwachsenen, geschädigt werden.

DIE GEBURT

Kurz vor der Geburt beginnt die Mutter, gleich welcher Art, emsig Nistmaterial zu sammeln, um eine „Nestburg" zu bauen, in der die Geburt stattfinden

Babys von Campbell-Zwerghamstern, etwa sechs Tage jung
Foto: Si. Honigs

Junge Zwerghamster probieren bereits im Alter von acht Tagen, feste Nahrung aufzunehmen. Foto: G. Siefer

wird. Es ist für das Weibchen sehr hilfreich, wenn der Pfleger ihm während dieser Zeit reichlich Heu, Einstreu, Papier und Pappe zur Verfügung stellt. Das Nest kann sich in einer angebotenen Höhle, einem Häuschen unter Einrichtungsgegenständen oder auch ganz frei im Gehege befinden. Chinesische Streifenhamster bringen ihre Jungen meistens in einem unterirdischen Bau zur Welt. Bei den geselligen Arten, besonders bei den Dshungarischen Zwerghamstern ist zu beobachten, dass sich der Vater, sofern er sich noch beim Weibchen befindet, am Nestbau beteiligt. Kurz vor der Geburt wird sich das Männchen jedoch ein eigenes Schlafnest bauen. Hierzu kann es hilfreich sein, ein zweites Häuschen anzubieten. Das trächtige Weibchen muss unbedingt in Ruhe gelassen und während dieser Zeit gut gefüttert werden. Besonders wichtig sind nun tierische Eiweiße und viel Feuchtigkeit in Form von Frischfutter. Milchprodukte (z. B. Quark, Naturjoghurt) sind nun sehr hilfreich und werden von den meisten Weibchen gierig angenommen. Eine gute und ausgewogene Fütterung unterstützt die Milchproduktion.

Nach der entsprechenden Tragzeit wird eine je nach Art unterschiedliche Anzahl von Jungtieren geboren (s. Tabelle). Die neugeborenen Zwerghamster kommen blind und nackt zur Welt – es sind Nesthocker. Die Mutter leckt ihre Babys sauber und aktiviert somit den Kreislauf der kleinen, nur etwa 1–2 g leichten Zwerghamster. Fruchthülle und Nabelschnur werden von der Mutter verzehrt.

Die Geburt selbst mitzubekommen, ist fast unmöglich – außerdem kann ein Zuschauer auf die werdende Mutter sehr störend wirken. Die Anwesenheit der Jungen ist dagegen leicht an ihren hohen Fieptönen festzustellen. Ein rasches Zählen der Jungtiere ist erlaubt, ansonsten ist es nun sehr wichtig, die junge Familie nicht zu stören. Reinigungsarbeiten sollten unterbleiben, bis die jungen Hamster das Nest verlassen, um eigenständig feste Nahrung aufzunehmen. Wird die Ruhe des säugenden Weibchens gestört, kann sich die Mutter so stark bedroht fühlen, dass sie ihre Jungen auffrisst.

Pflege und Entwicklung der Jungtiere

Während der ersten zehn Lebenstage der jungen Zwerghamster werden sie von ihrer Mutter gesäugt, gereinigt und gewärmt. Die Mutter beleckt ihre Babys in der Bauchregion, um die Verdauung anzuregen. Die Ausscheidungsprodukte werden von der Mutter aufgenommen. In dieser Zeit entfernt sich die Zwerghamstermutter nur selten von ihrem Nachwuchs. Sie verlässt ihn nur, um neues Nistmaterial oder Futter zu sammeln.

Beginnen die kleinen Zwerghamster mit einem Alter von etwa 13 Tagen damit, sich aus dem Nest

Die Roborowski-Zwerghamster-Mutter hat alle „Hände" voll zu tun, um die Familie beisammen zu halten. Foto: G. Siefer

zu bewegen, hat die Mutter alle Mühe, ihren Nachwuchs zusammenzuhalten und Ausreißer wieder zurück ins Nest zu transportieren. Etwa zu diesem Zweitpunkt öffnen die Jungtiere ihre Augen und beginnen, an fester Nahrung zu knabbern. Wenn die Futtermischung für die erwachsenen Tiere in ihrer Zusammensetzung bereits ausgewogen ist, ist es nicht notwendig, nun besondere Nahrung für die jungen Hamster bereitzustellen. Nach etwa drei Wochen verringert die Hamstermutter allmählich ihre Fürsorge und stellt langsam die Milchproduktion ein. Die kleinen Zwerghamster werden nun entwöhnt. Jungtiere von Dshungarischen und Campbell-Zwerghamstern sowie von Chinesischen Streifenhamstern können mit einem Alter von 4–6 Wochen das Gehege der Mutter verlassen. Junge Roborowski-Zwerghamster wachsen dagegen etwas langsamer und sollten daher erst nach etwa sieben Wochen von der Mutter getrennt werden. Die Jungtiere herauszunehmen ist auch durchaus sinnvoll, um der Mutter nun Ruhe zu gönnen.

Junge Maushamster und Chinesische Streifenhamster sind dunkler grau gefärbt als die erwachsenen Tiere.

Entwicklung der Jungtiere

Geburt
Die Jungtiere sind nackt, rosa, blind, etwa 1–2 g leicht, können fiepen.

2. Tag
Pigmentierung der Haut setzt ein.

ca. 4. Tag
Behaarung beginnt.

8. Tag
Jungtiere probieren, feste Nahrung aufzunehmen.

10.–15. Tag
Die Augen öffnen sich, selbstständiges Putzen, Kot- und Harnabgabe ohne äußere Stimulation (durch Belecken), Junge können laufen.

10.–14. Tag
Jungtiere beginnen, das Gehege zu untersuchen.

4.–5. Woche
Die Geschlechtsreife kann einsetzen.

Nach spätestens 15 Wochen
Der Nachwuchs ist ausgewachsen.

Kannibalismus/Kronismus

Für Kronismus, das Auffressen der eigenen Jungtiere durch die Mutter, kann es verschiedene Gründe geben: Während die Zwerghamstermutter beispielsweise die Nabelschnur frisst, erkennt sie wahrscheinlich, ob ihr Baby in Ordnung ist oder nicht. Zu schwache Tiere wie auch Totgeburten werden daher direkt aufgefressen.

Weibchen, die ihre eigene Entwicklung noch nicht vollständig abgeschlossen haben, jedoch bereits trächtig wurden, leiden durch die verfrühte Trächtigkeit häufig an Eiweißmangel. Dieser wird durch das Auffressen der Jungtiere ausgeglichen. Aus diesem Grund wird davon abgeraten, zu junge Weibchen für die Zucht einzusetzen. Ein Eiweißmangel kann auch bei ausgewachsenen Weibchen entstehen, wenn ihnen keine Pause zwischen den Würfen gegönnt wird. Diesem Mangel kann jedoch mit einer entsprechenden Fütterung entgegengewirkt werden (s. Kapitel „Fütterung").

Häufig fühlen sich die Tiere durch ihre zu eifrigen und neugierigen Halter so sehr gestört, dass sie keinen anderen Ausweg sehen, als ihren Nachwuchs zu fressen. Daher sollten Sie die Kontrolle der Tiere zunächst minimieren, bis die jungen Zwerghamster selbstständig ihr Nest verlassen und feste Nahrung aufnehmen. Ebenso muss die

Reinigung des Geheges unterbleiben, da fremde Gerüche die Mutter sehr stören. Sollte eine Reinigung des Geheges unvermeidbar sein, muss unbedingt das gesamte Nest mit den Jungtieren unberührt bleiben.

TIPP

Eine leicht vermeidbare Ursache für Kronismus und Kannibalismus sind zu dicht besetzte Gehege. Leiden die Tiere unter Raummangel, regulieren sie diesen, indem sie schwache oder junge Mitglieder der Gruppe auffressen. Der Halter kann in den meisten Fällen die Ursachen für Kronismus und Kannibalismus vermeiden.

BUCHFÜHRUNG

Gut beraten ist jeder Züchter, der sich ein Zuchtbuch nach seinen Wünschen erstellt. In diesen Zuchtbüchern wird jedes Tier der Zucht eingetragen. Ein Zuchtbuchblatt für ein Tier sollte folgende Informationen enthalten:

- Identifizierungsnummer und/oder Name
- Geburtsdatum
- Eltern
- aktuelle Unterbringung (Gehegenummer bzw. -bezeichnung)
- Fell- und Augenfarbe (evtl. mit genaueren Hinweisen zur genetischen Veranlagung)
- Evtl. besondere Kennzeichen oder Markierungen
- Verpaarungen (Partner, Paarungsdatum etc.)
- Würfe (Datum, Geschlecht, Anzahl und Aussehen der Jungtiere)
- Abgabedatum und Abgabeadresse bzw.
- Todestag und Todesursache

Des Weiteren ist es von Vorteil, wenn besondere Vorkommnisse, wie z. B. Krankheiten, notiert werden. Das Festhalten herausragender Wesenszüge eines Zwerghamsters oder Angaben zu dessen Verhalten z. B. Menschen gegenüber können wichtig sein. Hier kann beispielsweise notiert werden, ob ein Tier besonders friedlich und ruhig oder etwa bissig und ängstlich ist – denn schließlich können auch die Charakterzüge der Elterntiere auf die Nachkommen übertragen werden. Das Fortführen einer extrem bissigen Linie ist sicher nicht wünschenswert und kann durch geschickte Auswahl der Zuchtpaare unterbunden werden.

In den Niederlanden werden auch Zwerghamster auf Ausstellungen bewertet. Foto: C. Ehrlich

WETTBEWERBE & AUSSTELLUNGEN

In Deutschland sind Ausstellungen mit Preisvergabe an den schönsten Zwerghamster noch nicht in Mode. Beispielsweise in den Niederlanden und Großbritannien sowie in den USA werden derartige Veranstaltungen bereits regelmäßig abgehalten und erfreuen sich großer Beliebtheit. Zwerghamster, die auf derartigen „Schönheitswettbewerben" gezeigt werden, sollten den Richtlinien des jeweiligen Veranstalters entsprechen und möglichst die Mindestanforderungen übertreffen, um einen Preis gewinnen zu können. Während der Begutachtung eines vorgestellten Zwerghamsters werden u. a. Punkte für Körpergröße, Fell, Kondition, Augen und Ohren und natürlich für die Fellfarbe und das Muster verteilt. Negativ auf die Bewertung wirken sich z. B. Wunden und Fettleibigkeit aus. Zur Disqualifikation führen Krankheiten und Missbildungen (z. B. fehlende Augen).

Ein Campbell-Zwerghamster beispielsweise sollte diesen Standards entsprechend u. a. einen gut proportionierten, walzenförmigen Körper, eine stumpfe Nase, ein kleines Gesicht, ein weiches und dichtes Fell und eine Körpergröße von etwa 10–12 cm vorweisen können. Für die Qualität der Fellfarbe werden von der Jury häufig die meisten Punkte vergeben.

Einige Zwerghamster werfen sich zur Abwehr auf den Rücken und quietschen den vermeintlichen Angreifer an. Foto: S. Honigs

Hat etwas ihre Neugier geweckt, schauen Zwerghamster auf. Foto: C. Ehrlich

ZWERGHAMSTER VERSTEHEN

Das Zusammenleben mit Ihrem Zwerghamster können Sie sehr angenehm gestalten, wenn Sie verstehen lernen, was Ihr Hausgenosse zu „sagen" hat. Missverständnisse sind häufig die Ursache dafür, dass es Zwerghamstern in menschlicher Obhut nicht so gut ergeht. Lernen Sie die Körper- und Lautsprache der Zwerghamster kennen, beschäftigen Sie sich mit dem interessanten Sozialverhalten dieser Tiere, und Sie werden noch viel mehr Freude an Ihren Hausgenossen haben!

KÖRPERSPRACHE UND LAUTÄUSSERUNGEN

Einige Gemütsstimmungen der Zwerghamster können Sie an ihrer Körpersprache ablesen. Häufig werden Gesten und Handlungen der Tiere durch Lautäußerungen begleitet. Im Umgang mit Artgenossen spielen Laute für Zwerghamster eine wichtige Rolle. So rufen Jungtiere fiepend nach ihrer Mutter, und Angreifer versucht der Hamster durch lautes Geschrei einzuschüchtern und zu vertreiben. Wahrscheinlich kommunizieren einige Arten durch Laute im Ultraschallbereich untereinander, die für den Menschen unhörbar sind.

Einige weitere Reaktionen der Zwerghamster auf ihre Umwelt können wir leicht deuten.
Wirft sich ein Zwerghamster auf den Rücken und beginnt laut zu schreien und zu fauchen, hat sich der Hamster erschreckt und versucht, einen potenziellen Angreifer abzuwehren. Häufig schlägt der Zwerghamster auch mit den Vorderpfoten nach dem vermeintlichen Angreifer und versucht zu beißen. Dieses Verhalten zeigen Zwerghamster, wenn sie sich von einer Person bedroht fühlen und nicht angefasst werden möchten und/oder wenn sie sich untereinander streiten. Wenn sich Ihr Tier derartig aufgeregt hat, lassen Sie es in Ruhe und geben Sie ihm einige Minuten, um sich von dem Schreck zu erholen!
Zwerghamster stoßen auch häufig laute Rufe aus, wenn sie miteinander kämpfen. Hierbei stehen sich zunächst die Kontrahenten gegenüber und schlagen mit den Vorderpfoten aufeinander ein. Der Unterlegene lässt sich meistens rasch auf den Rücken fallen, und der Überlegene wirft sich auf ihn. Spätestens in dieser Situation lassen sich die lauten, quietschenden Rufe nicht mehr überhören. Harmlose Rangeleien können hin und wieder vorkommen, werden aber in den meisten Fällen rasch abgebrochen. Sollte die Auseinandersetzung tatsächlich ernster sein, versuchen sich die Zwerghamster auch zu beißen. Beliebte Angriffspunkte sind hierbei die Genitalien des Gegners. Sollten Ihre Zwerghamster wiederholt aneinander geraten und sich dabei sogar Bisswunden zufügen, müssen Sie die Tiere unbedingt trennen!

Zwerghamster können ihrem Gegenüber drohen, indem sie sich auf die Hinterbeine stellen und den Oberkörper leicht nach vorn beugen. Auf ein Annähern des „Gegners" – dabei ist es gleich, ob es sich um einen Artgenossen oder den Finger des Pflegers handelt – reagiert der Hamster nun, indem er mit den Vorderpfoten ausschlägt. Vorsicht, das Tier könnte nun auch versuchen zu beißen!

Diese Drohgebärde ist nicht mit einem neugierigen Aufrichten zu verwechseln. Hierbei stellt sich der Zwerghamster entspannt auf die Hinterfüße, die Vorderfüße werden locker gehalten, und der Hamster beobachtet und erschnüffelt aufmerksam seine Umgebung. Er stößt dabei keine für uns hörbaren Laute aus.

Die oben bereits beschriebenen Stereotypien sind nicht mit den hier behandelten Gemütsäußerungen der Tiere zu verwechseln.

VORSICHT

Ein Zwerghamster, der andauernd Salti schlägt, macht dies nicht, weil er so fröhlich wäre und Kunststücke vorführt, sondern weil ihm schlicht langweilig ist und sein natürliches Verhalten gestört ist.

MARKIERUNGSVERHALTEN

Neben dem bereits beschriebenen Paarungs- und Angriffsverhalten gibt es unter den Zwerghamstern einige spezielle Verhaltensweisen, die das Miteinander regeln. Hierbei spielt u. a. die Abgabe von Pheromonen eine wichtige Rolle. Pheromone sind z. B. Sexuallockstoffe und/oder Schreckstoffe, die von einem Individuum entweder zusammen mit Ausscheidungsprodukten wie Kot und Urin oder über spezielle Drüsen abgegeben werden. Sie wirken ähnlich wie Hormone bereits in geringer Konzentration, jedoch nicht auf den eigenen Organismus, sondern auf Artgenossen. Auf diese Art werden chemisch Informationen verbreitet.

Um die Grenzen ihrer Territorien und Wege festzulegen, markieren Zwerghamster – Männchen häufiger als Weibchen – die Umgebung mit Hilfe von speziellen Drüsen sowie mit Kot und Urin. Unsere Zwerghamster haben ein sehr gut sichtbares, großes Drüsenfeld am Bauch, das „ventrale Markierungsdrüse“ (oder „Bauchdrüse“) genannt wird. Im Bereich dieser Drüse ist das Fell besonders bei den Männchen häufig sichtbar feucht und gelblich. Ursache hierfür sind die Sekrete, die von dieser Drüse abgegeben werden und mit denen der Hamster den Untergrund und Gegenstände markieren kann.

Die Haare in diesem Drüsenbereich haben eine besondere Struktur, nämlich eine Längsrinne, die es anscheinend ermöglicht, die chemische Substanz rascher abzuleiten und auf die zu markierende Oberfläche aufzubringen. Beim Markierungsvorgang wird die Bauchseite fest auf den Untergrund gedrückt und ein Stück weit über diesen gezogen. Die Markierungssubstanz wird gleichmäßig verteilt und ermöglicht es dem Zwerghamster u. a., sein Territorium, das Nest und seine Gruppe wiederzufinden.

Auch im Genitalbereich haben die Zwerghamster kleinere Drüsen, und der Chinesische Streifenhamster besitzt zusätzlich an jeder Seite eine weitere Drüse zum Markieren, die Flankendrüse.

Eine sehr interessante Struktur befindet sich zudem im Maul der Dshungarischen und der Campbell-Zwerghamster: An den Öffnungen zu den Backentaschen befindet sich jeweils eine relativ große drüsenähnliche Struktur, „supplementary sacculi“ genannt, die ein für unsere Nase sehr unangenehm duftendes Sekret ausscheidet. Dieses ist offensichtlich zur individuellen Erkennung und für die Komposition eines Gruppenduftes wichtig. Je komplexer ein derartiger Gruppenduft ist, desto schwieriger kann ein individueller Duft daraus erkannt werden. Jedoch ist die Fähigkeit, Einzeldüfte herauszuriechen, von Individuum zu Individuum unterschiedlich ausgeprägt. Das Sekret ist auch für Jungtiere besonders wichtig: Zwischen dem sechsten und elften Lebenstag der Jungen beginnen sich die „supplementary sacculi“ auszubilden; die Jungtiere nehmen bis zu deren Fertigstellung das Sekret der Mutter auf.

Kot und Urin spielen nicht nur bei der Abgrenzung der Territorien eine Rolle, sondern auch bei der Partnerwahl. Für die Männchen ist der Duft dieser Ausscheidungsprodukte besonders während der Hauptfortpflanzungszeit im Sommer wichtig, da er anzeigt, ob ein Weibchen fortpflanzungsbereit ist oder nicht.

Zwerghamster werden jedoch nicht nur von ihren eigenen Gerüchen beeinflusst, sondern auch von solchen aus ihrem Umfeld. Interessant ist die Tatsache, dass sich der Duft von potenziellen Fressfeinden, wie z. B. von Katzen, negativ auf die Fortpflanzung von Campbell-Zwerghamstern auswirkt. Sind junge männliche „Campbells" über einen längeren Zeitraum dem Geruch von Katzenurin ausgesetzt, werden sie sich nachweislich schlechter fortpflanzen können als normalerweise. Streben Sie also eine Zwerghamsterzucht an, darf sich die Katzentoilette nicht in der Nähe der Zwerghamstergehege befinden...

ZWERGHAMSTER IM MIETRECHT

Prinzipiell ist gegen die Haltung von Zwerghamstern in Mietwohnungen nichts einzuwenden, da sie bei artgerechter Pflege für Geruchs- oder Geräuschbelästigung der Nachbarn nicht in Frage kommen. Der Vermieter kann die Haltung von Kleintieren nur dann generell verbieten, wenn die gehaltenen Tiere sich nachteilig auf das Wohlbefinden der anderen Mieter auswirken oder zu Schäden in der Wohnung führen. Hat der Vermieter jedoch keinerlei stichhaltige Argumente gegen die Haltung einer Kleintierart, so darf er diese nicht generell verbieten. Selbst wenn Tierhaltung im Mietvertrag nicht gestattet ist, fallen Kleinsäuger wie Gold- und Zwerghamster nicht unter dieses Verbot.

Bedenken Sie jedoch auch bei der Haltung von an sich erlaubnisfreien Tieren, dass der Vermieter von einer „normalen" Haltung und Individuenanzahl ausgeht. Haben Sie nun aber Gefallen daran gefunden, Zwerghamster zu züchten, sammeln sich rasch einige Hamster und deren Gehege in der Mietwohnung an. Ihr Vermieter kann Ihnen durchaus untersagen, eine Zwerghamsterzucht mit überdurchschnittlichen Ausmaßen zu betreiben.

Ähnliche Probleme müssen Sie erwarten, wenn sich die Nachbarschaft durch Ihre Zwerghamster gestört fühlt. Möglicherweise ist ein Zwerghamster ausgebrochen und in die Nachbarwohnung gelangt. Ein unverhoffter Gast mit Nagercharakter ist in den meisten Wohnungen nicht gern gesehen und kann zu panikartigen Reaktionen führen. Vermeiden Sie also derartige Zwischenfälle durch gut gewählte, ausbruchssichere Gehege und viel Aufmerksamkeit. Des Weiteren könnten sich Mieter über Geruchsbelästigung durch gebrauchtes Einstreumaterial beklagen. Dies könnte z. B. bei einer etwas größer angelegten Zwerghamsterhaltung geschehen. Die Mieter können sich jedoch kaum über in Müllbeuteln fest verpackte Käfigeinstreu beschweren, die Sie in der Mülltonne entsorgen. Probleme könnten Sie dagegen bekommen, wenn regelmäßig Einstreu in die Kanalisation gelangt und die Wasserrohre verstopft. Vermeiden Sie daher generell, dass Einstreu, Heu etc. in die Kanalisation gelangen.

Ansonsten ist eine Störung der Nachbarn durch einen oder mehrere Zwerghamster nicht zu erwarten.

Sollte in Ihrem Mietvertrag nicht auf das Thema Tierhaltung eingegangen werden, ist davon auszugehen, dass die Haltung der üblichen Haustiere – inklusive Zwerghamster – erlaubt ist.

Vermieter müssen größere Zuchten von Zwerghamstern nicht akzeptieren.
Foto: C. Ehrlich

ADRESSEN

ÄMTER

BUNDESAMT FÜR NATURSCHUTZ (BFN)
Konstantinstr. 110, D-53179 Bonn
Telefon: 0228/8491-0, Fax: 0228/8491-200
Internet: www.bfn.de
Für Artenschutz-Fragen: www.wisia.de

BUNDESMINISTERIUM FÜR VERBRAUCHERSCHUTZ, ERNÄHRUNG UND LANDWIRTSCHAFT (BMVEL, VORMALS BMELF)
Referat Tierschutz
Postfach 14 02 70, D-53107 Bonn
Telefon: 0228/529-0 oder 01888/529-0
Fax: 0228/529-4262 oder 01888/529-4262
Internet: www.verbraucherministerium.de
Das BMVEL verschickt kostenlos das „Gutachten über Mindestanforderungen an die Haltung von Säugetieren" sowie das Tierschutzgesetz.

VEREINIGUNGEN

BUNDESARBEITSGRUPPE (BAG) KLEINSÄUGER E.V.
c/o Uwe Wurlitzer, Schulzoo Binzer Straße, Binzer Str. 14, D-04207 Leipzig
Internet: www.bag-kleinsaeuger.de
Herausgeber der „BAG Mitteilungen"

VEREIN FÜR NAGETIERE UND KLEINSÄUGER (VNK)
c/o Detlev Warmbier, Gladbecker Str. 286, D-46240 Bottrop
Internet: www.nagetier-vnk.de

DEUTSCHE GESELLSCHAFT FÜR SÄUGETIERKUNDE
c/o Prof. Dr. Günther B. Hartl, Institut für Haustierkunde, Christian-Albrecht-Universität zu Kiel, Olshausenstr. 40-60, D-24113 Kiel
Internet: www.uni-kiel.de/ifh/dgs
Herausgeber der „Mammalian Biology" (s. u.)

ZEITSCHRIFTEN

RODENTIA – KLEINSÄUGER-FACHMAGAZIN
Populärwissenschaftliches Kleinsäuger-Fachmagazin für domestizierte Arten und Wildformen
Natur und Tier - Verlag, An der Kleimannbrücke 39/41, D-48157 Münster
Telefon: 0251/13339-0, Fax: 0251/13339-33
E-Mail: verlag@ms-verlag.de
Internet: www.ms-verlag.de

MAMMALIAN BIOLOGY – ZEITSCHRIFT FÜR SÄUGETIERKUNDE
Wissenschaftliche Zeitschrift für alle Säugetiere (auch Großsäuger).
Urban & Fischer Verlag, Niederlassung Jena, Postfach 10 05 37, D-07705 Jena
Internet: www.urbanfischer.de/journals/mammbiol

Immer noch selten gehalten: Maushamster
Foto: C. Ehrlich

DANKSAGUNG

An dieser Stelle danke ich allen Zwerghamsterhaltern, die mir ihre Haltungs- und Zuchterfahrungen mitteilten und damit zur Komplettierung dieses Buches beitrugen. Frau Petra Classen danke ich dafür, dass sie mich mit dem Zwerghamsterfieber angesteckt hat. Des Weiteren geht mein herzlicher Dank an Herrn Dr. Jens Kämmerling, Frau Dr. Britta Spanier und Herrn Klaus Rudloff für die Durchsicht des Manuskriptes und für viele gute Ratschläge. Herrn Odzorig Tserenpil sei für die Vermittlung des *Cricetulus-pseudogriseus*-Fotos gedankt, und Frau Gabi Siefer danke ich für viele weitere schöne Fotos. Ein besonderer Dank geht an meine „persönliche" Fotografin Silke Honigs, die unzählige Fotosessions erduldet hat. Markus Juschka danke ich für das Verständnis, das er mir und den zeitweise weit über 100 Zwerghamstern entgegengebracht hat. Der Natur und Tier - Verlag GmbH, dem Grafiker Nick Nadolny und den Lektoren Christian Ehrlich und Kriton Kunz danke ich für die fruchtbare Zusammenarbeit und die Möglichkeit, diesem Buch Leben einzuhauchen. Danke...

Roborowski-Zwerghamster bei der Morgentoilette
Foto: C. Ehrlich

LITERATUR

ARGYROPULO, A. I. (1933): Die Gattungen und Arten der Hamster (Cricetinae MURRAY, 1866) der Paläarktik. – Zeitschrift für Säugetierkunde 8: 129–149

BAYBUBER, H. & U. KULL (1989): Linder Biologie. 20. Aufl. – Metzler Schulbuchverlag, Hannover

BERGHOFF, P. C. (1989): Tierärztliche Heimtierpraxis Band 1, Kleine Heimtiere und ihre Erkrankungen. – Verlag Paul Parey, Berlin und Hamburg

BERTO, J. M., A. Pelaez, E. Fernandez, M. Lombardero & M. Ferrer (2002) : Sibirian hamster : a new indoor source of allergic sensitisation and respiratory disease. – Allergy 57 (2):155–159

CORBET, G. B. & J. E. HILL (1991): A World List of Mammalian Species – Oxford University Press, 3. edition, London

DROSSARD, M. & U. LETSCHERT (1995): Naturheilkunde für Heimtiere. – Econ Verlagsgruppe, Düsseldorf

EDWARDS, H. E. ET AL. (1998) : Reproductive ageing in the Djungarianhamster, *Phodopus campbelli*. – Biol. Reprod. 58(3): 842–848

EHRLICH, C. (2001a): Zwerghamster. – RODENTIA 1(4): 16–21

- (2001b): Action-Spielplatz für Zwerghamster. – RODENTIA 1(4): 30–31

- (2003): Kleinsäuger im Terrarium. Natur und Tier - Verlag , Münster

ELLIOTT, J. A., T. J. BARTNESS & B. D. GOLDMAN (1987): Role of short photoperiod and cold exposure in regulating daily torpor in Djungarian hamsters. – J. Comp. Physiol. A 161: 245–253

EXNER, C. & G. HELDMAIER (1998): Effects of restricted feeding on locomotor activity and body temperature in male Djungarian Hamsters. – Zoology 101, Supplement I: 58

FIGALA, J., K. HOFFMANN & G. GOLDAU (1973): Zur Jahresperiodik beim Dshungarischen Zwerghamster *Phodopus sungorus* PALLAS. – Oecologica 12: 89–118

FLINT, W. E. (1966): Die Zwerghamster der Paläarktischen Fauna (Die neue Brehm-Bücherei). – Zeimsen Verlag, Wittenberg Lutherstadt

FRIEDRICH, U. & W. VOLLAND (2002): Futtertierzucht – Lebendfutter für Vivarientiere. – 3., überarbeitete Aufl. Verlag Eugen Ulmer, Stuttgart

GRZIMEK, B. (HRSG.) (2000): Grzimeks Tierleben, Enzyklopädie des Tierreichs, Band 11 (Säugetiere 2). – Weltbild Verlag, Augsburg

HEISLER, C. (1984a): Zum Markierungsverhalten des Dshungarischen Zwerghamsters (*Phodopus sungorus*). – Biol. Rdsch. 22: 181–183

- (1984b): Spezialhaare im Bereich der Ventraldrüse von *Meriones unguiculatus* (Gerbillinae) und von *Phodopus sungorus* (Cricetinae) (Mammalia, Rodentia). – Zool. Anz. 213: 333–338

HELDMAIER, G. & S. STEINLECHNER (1981a): Seasonal Control of Energy Requirements for Thermoregulation in the Djungarian Hamster (*Podopus sungorus*), Living in Natural Photoperiod. – J. Comp. Physiol. 142: 429–437

- (1981b): Seasonal Pattern and Energetics of short daily torpor in the Djungarian hamster, *Phodopus sungorus*. – Oecologia 48: 265–270

HENWOOD, C. (1996): A Step-by-Step Book about Dwarf Hamsters. – t. f. h. Publications, Neptune City

HERTER, K. & H.-G. RAUCH (1956): Haltung und Aufzucht chinesischer Zwerghamster (*Cricetulus barbensis griseus* MILE-EDWARDS 1867). – Zeitschrift für Säugetierkunde 21: 161–171

HILL, L. (1998): Pet owner`s guide to the hamster. – Ringpress Books Limited, Gloucestershire

- (1999): The really useful hamster guide. Kingdom Books, Waterlooville

HOFFMANN, K. (1973): The Influence of Photoperiod and Melatonin on Testis Size, Body Weight, and Pelage Colour in the Djungarian Hamster (*Phodopus sungorus*). – J. Comp. Physiol. 85: 267–282

JACOBS, S. (1998): Tierärztliche Haltungsempfehlungen für die Unterbringung kleiner Heimtiere in Tierheimen. – Inaugural-Dissertation, Institut für Tierhygiene und Tierschutz der Tierärztlichen Hochschule Hannover

KIRSCH, R., A. OUAROUR & P. PÉVET (1991): Daily torpor in the Djungarian hamster (*Phodopus sungorus*): photoperiodic regulation, characteristics and circadian organisation. - J. Comp. Physiol. A 168: 121–128

KROUSHCHOVA, A. M. & N. Y. VASILIEVA (2001): The role of secretions of supplementary sacculi for the recognition of mates in the Djungarian hamster (*Phodopus sungorus*). *In:* Advances in Ethology, Supplement 36 to Ethology. – Blackwell Wissenschafts-Verlag, Berlin/Wien

LISS, D. (2001): Der kleinste Hamster der Welt – Haltung und Zucht von Roborowski-Zwerghamstern. – RODENTIA 1(4): 27–29

LITVINOVA, E. M. & N. Y. VASILIEVA (2001): Individual differences in the ability to recognise a single odor in a mixture of social odors in Djungarian hamsters. *In:* Advances in Ethology, Supplement 36 to Ethology. – Blackwell Wissenschafts-Verlag, Berlin/Wien

MACDONALD, D. (1999): The Encyclopedia of Mammals. Facts on File, New York

METTLER, M. (1989): Alles über Zwerg- und Goldhamster. – Falken Verlag, Niedernhausen

MITCHELL-JONES, A. J. (1999): The Atlas of European Mammals. – Academic Press, T&AD Poyser Ltd., London

NEWKIRK, K. D., H. J. MCMILLAN & K. E. WYNNE-EDWARDS (1997): Length of delay to birth of a second litter in dwarf hamsters (*Phodopus*): evidence for post-implantation embryonic diapause. – J. Exp. Zool. 278(2): 106–114

NIETHAMMER, J. & F. KRAPP, (Hrsg.)(1982): Handbuch der Säugetiere Europas, Band 2/I, Nagetiere II. – Akademische Verlagsgesellschaft, Wiesbaden

NIGGEMANN, H. G. HELDMAIER & M. KLINGENSPOR (1998): The function of seasonal body mass regulation of the sibirian hamster (*Phodopus s. sungorus*). – Zoology 101, Supplement I: 65.

NOWAK, R. N. (1999): Walker`s Mammals of the World, Vol. II, 6. Aufl. – The John Hopkins University Press, Baltimore and London

OUAROUR, A., R. KIRSCH & P. PÉVET (1991): Effects of temperature, steroids and castration on daily torpor in the Djungarian hamster (*Phodopus sungorus*). – J. Comp. Physiol. A, 168: 477–481

PUCHALSKI, W. & G. R. LYNCH (1986): Evidence for differences in the circadian organisation of hamster exposed to short day photoperiod. – J. Comp. Physiol. A, 159: 7–11

PUCHALSKI, W. & G. R. LYNCH (1988): Characterization of circadian function in Djungarian hamsters insensitive to short day photoperiod. – J. Comp. Physiol. A, 162: 309-316

RAFAEL, J., P. VSIANSKY & G. HELDMAIER (1985): Increased contribution of brown adipose tissue to nonshivering thermogenesis in the Djungarian hamster during cold-adaption. – J. Comp. Physiol. B, 155: 717–722

RICHTER, D. (2001): Drei mal Zwerghamster. – RODENTIA 1(4): 22–26

RUF, T. & G. HELDMAIER (1992): The Impact of Daily Torpor on Energy Requirements in the Djungarian Hamster, *Phodopus sungorus*. – Physiological Zoology 65(5): 994-1010

RUF, T., M. KLINGENSPOR & G. HELDMAIER (1990): Jahreszeitliche Anpassung beim Dshungarischen Hamster: die tagesperiodische Synchronisation von lokomotorischer Aktivität, Nahrungsaufnahme und Torpor. – Verh. Dt. Zool. Ges. 83: 549–550

RUF, T., M. KLINGENSPOR, H. PREIS & G. HELDMAIER (1991): Daily torpor in the Djungarian hamster (*Phodopus sungorus*): interactions with food intake, activity, and social behaviour. – J. Comp. Physiol. B, 160: 609–615

RUF, T., A. STIEGLITZ, S. STEINLECHNER, J. L. BLANK & G. HELDMAIER (1993): Cold Exposure and Food Restriction Facilitate Physiological Responses to Short Photoperiod in Djungarian Hamsters (*Phodopus sungorus*). – J. Exp. Zoology 267: 104-112

SCHNEIDER, T., G. HELDMAIER, S. KLAUS & M. KLINGENSPOR (1998): Regulation of Leptin mRNA Level in Cultures Brown and White Adipocytes of the Sibirian Hamster (*Phodopus s. sungorus*). – Zoology 101, Supplement I: 67

SCRIBNER, S. J. & K. E. WYNNE-EDWARDS (1994): Moderate water restriction differentially constrains reproduction in two species of dwarf hamster (*Phodopus*). – Can. J. Zool. 72: 1589–1596

SOKOLOV, V. E. & N. I. FEOKTISTOVA (1998): Response of adult djungarian hamsters (*Phodopus sungorus*) to odor signals of species of their own and opposite sex during different seasons with the reference to reproduction process. - Izk. Akad. Nauk. Ser. Biol. (3): 369–373

- (1999): The attraction of Campbell (*Phodopus campbelli*) and Djungarian (*Phodopus sungorus*) hamster pups on the odor of secretion from specific complexes in the corners of the mouth of the mother. – Izk. Akad. Nauk. Ser. Biol. (2): 242–245

STEINLECHNER, S., G. HELDMAIER & H. BECKER (1983): The seasonal cycle of body weight in the Djungarian hamster: photoperiodic and the influence of starvation and melatonin. – Oecologica 60: 401–405

STIEGLITZ, A., S. STEINLECHNER, T. RUF & G. HELDMAIER (1991): Cold prevents the light induced inactivation of pineal N-acetyltransferase in the Djungarian hamster, *Phodopus sungorus*. – J. Comp. Physiol. A, 168: 599–603

STOLBA, A. (1977): Sozialsystem adulter Chinesischer Zwerghamster (*Cricetulus griseus*). Z. Tierpsychol. 45: 389–413

TERTITZKAJA, A. G., V. M. PARFENOVA & N. Y. VASILIEVA (2001): Causation of scent marking behavior in territorial males in *Phodopus sungorus* and *Phodopus campbelli*. *In:* Advances in Ethology, Supplement 36 to Ethology. – Blackwell Wissenschafts-Verlag, Berlin/Wien: 274

VANDERLIP, S. (1999): Dwarf Hamsters. Barrons Educational Series, New York

VASILIEVA, N. Y. ET AL. (2000): Predator odour and its impact on male fertility and reproduction in *Phodopus campbelli* hamsters. – Naturwissenschaften 87(7): 312–314

VESELOVSKÝ, Z. & S. GRUNDOVÁ (1965): Beitrag zur Kenntnis des Dshungar-Hamsters, *Phodopus sungorus* (PALLAS, 1773). – Z. Säugetierk. 30:305–311

VOLF, J. & P. VOLF (2003): Der Mausartige Zwerghamster (*Calomyscus bailwardi* Thomas, 1905) und seine Zucht in Menschenobhut. – Zool. Garten N. F. 73: 147–157

WADA, A. & M. TSUDZUKI (1998): Microphthalmia: a morphogenetic lethal mutation of the campbelli hamster (*Phodopus campbelli*). – J. Hered. 89 (1): 93–96

WEINER, J. (1987): Maximum enery assimilation rates in the Djungarian hamster (*Phodopus sungorus*). – Oecologica (Berlin) 72: 297-302

WILSON, D. E. & D. M. REEDER (1993): Mammal Species of the World: A Taxonomic and Geographic Reference, 2. Aufl. – Smithsonian Institution Press, Washington & London

WYNNE-EDWARDS, K. E. & R. D. LISK (1983): Djungarian hamsters fail to Conceive in the Presence of Multiple Males. – Anim. Behav. 32(2): 626–628

WYNNE-EDWARDS, K. E. (1995): Biparental care in Djungarian but not Siberian dwarf hamsters (*Phodopus*). – Anim. Behav. 50: 1571–1585

WEB-SEITEN (STAND 01.08.2003)

www.hamperhams.co.uk/dwarf/hhpage1.htm
www.hamsters-uk.org
www.geocities.com/aaahamsters/campbells.html

Campbell-Zwerghamster Foto: C. Ehrlich